FORSCHUNGSBERICHTE DES LANDES NORDRHEIN-WESTFALEN

Nr. 2256

Herausgegeben im Auftrage des Ministerpräsidenten Heinz Kühn
vom Minister für Wissenschaft und Forschung Johannes Rau

Prof. Dr.-Ing. Max Vater
Dr.-Ing. Günter Bürger

Institut für Bildsame Formgebung der
Rhein.-Westf. Techn. Hochschule Aachen

Kalt- und Warm-Biegen von plattierten Grobblechen im U-Gesenk

Westdeutscher Verlag Opladen 1972

ISBN-13: 978-3-531-02256-7   e-ISBN-13: 978-3-322-88351-3
DOI: 10.1007/978-3-322-88351-3

Inhalt

1. Die Ausgangsposition der Untersuchungen

Es gibt zahlreiche Biegeverfahren zum Umformen von Fein-, Mittel- und
Grobblechen sowie Bändern aus Baustählen und Stählen aller Art. Ihnen
kommt daher innerhalb der spanlosen Formgebung eine besondere Bedeutung zu. Sie stellen einen wichtigen Wirtschaftszweig dar; eine moderne Massenproduktion ist ohne Biegeumformung kaum noch vorstellbar.

Viele Teile aus Blech und Band werden durch Biegen um geradlinige, nicht-
gekrümmte Kanten hergestellt; es ist die bedeutendste Herstellungsart von
Blechteilen. Normalerweise handelt es sich um einfach geformte Profile
nach DIN 6935, die auf Biegemaschinen wie Biege- oder Abkant-Pressen
durch Kalt-Abkanten oder Kalt-Biegen gefertigt werden.

Ihrer Form nach lassen sich die Werkstücke einteilen in

- solche, die V-förmig im Gesenk frei gebogen sind mit ebenen Flächen
  und geraden Biegekanten;
- solche, die zu zweifach gekrümmten Teilen gebogen sind (Z- oder N-Pro-
  file) mit parallelen Biegekanten;
- gleichschenklige U-Profile mit parallelen Biegekanten, die durch gleich-
  zeitiges Biegen zweier Schenkel um 90 $^{\circ}$ geformt sind.

Alle diese Blechprofile sind auf einfachen Maschinen wirtschaftlich herzu-
stellen. Voraussetzung für eine wirtschaftliche Verarbeitung ist für die Praxis jedoch die Kenntnis des Verhaltens der Blechwerkstoffe bei der Umformung. Insbesondere müssen die bei den Umformvorgängen auftretenden
Kräfte für die Bemessung der Umformmaschinen und -werkzeuge bekannt
sein. Erst die Kenntnis dieser für die Beurteilung der Verarbeitbarkeit
grundlegenden Größen schafft die Voraussetzung für Umformanlagen, durch
Auswahl der geeigneten Maschinen oder bei der Umstellung auf neuartige
Verarbeitungsvorgänge Teile möglichst wirtschaftlich zu fertigen. Das Wis-
sen über das Verhalten der Bleche bei der Umformung ist aber nicht allein
für den Betreiber solcher Anlagen wichtig; es hilft auch dem Konstrukteur
bei der Auslegung der Umformmaschinen und der zugehörigen Werkzeuge.

Über das Biegen von Blechen sind bereits zahlreiche theoretische und ex-
perimentelle Arbeiten durchgeführt worden (1 u. 17). Neuzeitliche Litera-
tur ist überwiegend erst ab 1950 erschienen, als K. H. Wolter (6 u. 9) die
verschiedenen Begriffe änderte, die bis dahin in der Biegetechnik gebräuch-
lich waren, und das "freie Biegen" ebener Bleche um gerade Kanten sowohl
im V-Gesenk als auch mittels Biegewangen beschrieb und einige Ergebnisse durch Rechnung und Versuch belegte.

Systematisch - vorwiegend durch umfangreiche Versuche - hat G. Oehler
in seinen Forschungsarbeiten (11; 12; 14 u. 16) die Einflußbedingungen für
das bildsame Biegen erforscht und die gewonnenen Ergebnisse in einem

umfangreichen Buch zusammengestellt (17).

In fast allen der genannten Arbeiten begnügen sich die Verfasser jedoch
meist mit Vergleichen ihrer experimentellen Ergebnisse mit der Theorie;
außerdem waren diese Untersuchungen stets auf das Problem der Kalt-Verarbeitbarkeit von Blechen zugeschnitten. Für das Kalt-Umformen sprechen
zahlreiche Vorteile: Es ist schneller, genauer, materialsparender, und die
Fertigungskosten sind geringer. Diesen Vorteilen stehen aber auch Nach-
teile gegenüber: Beispielsweise können stärkere Stücke nicht mehr kalt gebogen werden. Es war daher reizvoll, einmal die Kalt-Verarbeitbarkeit von
Blechen im Biegeversuch weiterzuverfolgen und diese mit warm gebogenen
Blechen zu vergleichen.

Als Grundlage dieses Vergleiches dient die unter (18) aufgeführte Arbeit
von M. Vater und H. Stapper über das Biegen normaler Grobbleche im U-
Gesenk. Es war die Aufgabe gestellt, alle möglichen Formänderungen und
den dazu erforderlichen Kraftaufwand beim Biegen experimentell zu ermitteln. Bei den Versuchen wurden Blechstreifen aus verschiedenen Stahlsorten und Blechdickenbereichen bei Kalt- und Warm-Umformtemperatur mit
unterschiedlich großen Werkzeugabrundungen zu U-Profilen gebogen. Der
dazu erforderliche Kraftbedarf sowie die Maßhaltigkeit der Profile wurden
gemessen und anhand von Diagrammen dargestellt.

Nach den Untersuchungen in der genannten Arbeit stiegen die aufzuwenden-
den Biegekräfte mit kleiner werdenden Werkzeugabrundungen, zunehmen-
der Blechdicke und Festigkeit der Werkstoffe an. Bezogen auf die Blechdicke, veränderten die Radien an Stempel und Matrize die Kräfte in glei-
chem Maße. Proportional zur Blechdicke nahm die Kraft zum Hochbiegen
der Profilschenkel (die Hochstellkraft) zu. Die beim Warm-Hochbiegen der
Profilschenkel gemessenen Kräfte wurden in derselben Weise von den gleichen Faktoren wie beim Biegen bei Raumtemperatur beeinflußt. Im allgemeinen mußte beim Kalt-Biegen mit Kräften gerechnet werden, die etwa
viermal größer sind als jene beim Warm-Biegen. Die Zuordnung der gefundenen Werte zu der jeweils für eine Stahlgüte und Blechdicke untersuchten Blechprobe ergab, daß auch die Öffnungswinkel zwischen Steg und Schenkel der Profile in gleicher Weise von den zugrunde liegenden Parametern
beeinflußt wurden wie die Biegekräfte, obwohl hier eine eindeutige Tendenz
nicht zu erkennen war.

2. Stand der Erkenntnisse

Die ersten Arbeiten, die sich mit der Verarbeitung plattierter Bleche be-
fassen, wurden schon in den 3Oer Jahren veröffentlicht (19; 2O). Als erste
haben W. Rädecker und E. Schöne (19) an Biege- und Verdrehproben von
Grobblechen, die mit Ni, Cu, Monel sowie mit rost- und säurebeständigen
Stählen plattiert waren, die Verarbeitbarkeit untersucht. Nach Aussage
dieser Forscher lassen sich plattierte Bleche gut durch Kalt-Formgebung
verarbeiten.

Zu ähnlichen Ergebnissen kam auch K. Halfmann (2O), der feststellte, daß
plattierte Bleche in fast der gleichen Weise wie Stahlbleche bearbeitet werden können.

Auch die Verfasser der Arbeiten (21 u. 25) weisen in ihren Aufsätzen übereinstimmend darauf hin, daß die Verarbeitung plattierter Bleche keine besondere Schwierigkeit bereitet. Belegt wird dies an Proben, die durch Pressen, Bördeln, Stanzen usw. hergestellt wurden.

In einem anonymen Bericht (26) werden neben Richtlinien für das Schweißen
u. a. auch Hinweise auf die Verarbeitung plattierter Bleche gegeben. Danach
sollen plattierte Bleche im geglühten Zustand gebogen oder gerollt werden.
Beim freien Biegen über Biegebacken soll der Biegeradius - wegen der Rückfederung - möglichst groß gewählt werden. Das Biegen und Rollen muß im
warmen Zustand vorgenommen werden, wenn der Grundwerkstoff aus einem
schwach legierten Stahl besteht. Abschließend wird noch erwähnt, daß sich
ferritische Chromstähle als Auflagewerkstoffe im allgemeinen nicht so gut
wie die meisten Grund- und Auflagewerkstoffe verarbeiten lassen. Daß ge-
glühte plattierte Bleche mit den üblichen Verarbeitungsmethoden leichter
als 18/8-Vollmaterialbleche zu verarbeiten sind, geht aus den Veröffentli-
chungen (27 u. 29) hervor. Die Verfasser führen dies auf den verhältnismäßig großen Anteil des Grundwerkstoffes an der Gesamtblechdicke zurück,
der im allgemeinen mit rd. 85 % daran beteiligt ist. Kalt-Verformungsvor-
gänge wie Rollen, Biegen, Abkanten, Bördeln, Schneiden und Stanzen sind
ähnlich einfach durchführbar wie an normalen oder 18/8-Blechen. Biegungen um 180 ^{O} sollen sich ohne Schwierigkeiten herstellen lassen, wenn der
Innenradius des Bleches das Eineinhalbfache der Blechdicke oder mehr beträgt. Schließlich werden Regeln für die Verarbeitung von plattierten Blechen aufgestellt:

- Beim Biegen oder bei anderen Blechverarbeitungsvorgängen soll der Werkstoff im geglühten Zustand vorliegen;
- die Biegeradien sollen so groß wie möglich ausgeführt sein;
- warm gebogen oder gerollt soll dann werden, wenn der Grundwerkstoff
  sehr dick ist und aus einem niedrig legierten Stahl besteht;
- bei der Verarbeitung ist zu berücksichtigen, daß die ferritischen Chromstähle nicht so gut wie die 18/8-Auflagewerkstoffe zu verarbeiten sind.

Schließlich weist H. Thielsch (30) in seiner Veröffentlichung darauf hin,
daß der Kraftbedarf beim Kalt-Umformen von mit rost- und säurebeständigen 18/8-Stählen plattierten Blechen - sofern die Auflagedicke nicht mehr
als 20 % der Gesamtblechdicke beträgt - im wesentlichen genau so groß ist
wie jener, der zum Biegen des Grundwerkstoffbleches benötigt wird. Mit
Titan oder Niob-Tantal stabilisierte 18/8-Auflagewerkstoffe verformen sicl
im allgemeinen nicht so gut wie unstabilisierte Güten.

Wie man den genannten Literaturstellen entnehmen kann, begnügen sich die
meisten Verfasser vornehmlich spekulativ mit den Verarbeitungsproblemen
plattierter Bleche und mit allgemeinen Hinweisen; vereinzelt werden Vergleiche mit allgemeinen Stahlblechen angestellt. Übereinstimmend wird
aber festgestellt, daß sich plattierte Bleche bei Beachtung einiger Regeln
ebenso gut oder nur wenig schlechter als allgemeine Grobbleche verarbeiten lassen.

Die Anforderungen der weiterverarbeitenden Industrie an den Werkstoff
sind in den letzten Jahren ständig gestiegen und durch eine stark zunehmen-
de Verwendung von Verbundwerkstoffen gekennzeichnet, weil bei der heuti-
gen Technik oft Forderungen im Hinblick auf die zu erwartende Beanspruchung an die Werkstücke gestellt werden, die von einem Werkstoff allein
kaum noch erfüllt werden können; es wird daher oft eine metallische Verbindung von zwei oder mehreren Metallen vorzusehen sein. Derartige Be-
anspruchungen können heute in der modernen Technik vielfach auftreten,
beispielsweise in Chemie-Reaktoren. Plattierte Bleche werden heute vor
allem dort eingesetzt, wo ein guter Korrosionsschutz verlangt wird. Dabei
kommt des großen Mengenanteils wegen den plattierten Grobblechen mit .
rost- und säurebeständigen Stählen sowie legierten Grundwerkstoffen besondere Bedeutung zu, weil die Blechdicke im Vergleich zu den herkömmlichen
rost- und säurebeständigen Blechen verringert werden kann.

Insbesondere in dickwandigen Bauteilen, die bei hohen Temperaturen gleichzeitig unter Druck und - von der Reaktionsseite - unter korrosionschemi-
scher Einwirkung stehen, finden Verbundwerkstoffe mit rost- und säurebeständigen Stählen sowie niedrig legierten oder unlegierten Grundwerkstoffen wie z. B. Kesselbaustahl als plattierte Grobbleche vielfältige Verwendung, denn von bestimmten Formaten und Blechdicken an sind derartige
Bleche in größeren Abmessungen als allgemeine Grobbleche herstellbar,
und es können somit konstruktive Vorteile hinsichtlich der Anzahl von
Schweißnähten erreicht werden. Bei der Verwendung von Plattierungen ergeben sich ferner Gewichtseinsparungen an rost- und säurebeständigem
Stahl gegenüber der massiven Ausführung und somit Kosteneinsparungen.
Die Verwendung von plattierten Blechen in Druckbehältern z. B. für Reak-
torprozesse auf dem Gebiete der Chemie kann bereits als Stand der Technik angesehen werden.

Die Verbreitung von Verbundwerkstoffen wird weiter an Bedeutung gewin-
nen, insbesondere die mit rost- und säurebeständigen Werkstoffen oberflä-
chengeschützten Bleche. In Zukunft wird der Anteil nicht nur an plattierten
Blechen, sondern auch die Fertigung von Band wegen der geschilderten Vorteile zunehmen.

Im Rahmen dieser Arbeit soll deshalb die Verarbeitung plattierter Grobbleche durch Kalt- und Warm-Biegeversuche im U-Gesenk untersucht werden.
Hierbei sind Biegekraft und Maßhaltigkeit der Biegeprofile die kennzeichnenden Hauptgrößen. Wichtige Einblicke hinsichtlich der Verarbeitbarkeit
plattierter Grobbleche sind zu erwarten, wenn es gelingt, die umformtechnischen Größen aus den einzelnen Untersuchungen einander zuzuordnen. Insbesondere ist der Einfluß der Plattierung bei verschiedenen Blechdicken
durch Versuche qualitativ zu ermitteln. Weitere wichtige Einblicke bezüglich der Verarbeitbarkeit sind auch von Ergebnissen zu erwarten, die sich
zum einen beim Biegen mit der dem Biegestempel zugewandten Plattierungsauflage, zum anderen mit der dem Biegestempel abgewandten Plattierungsauflage ergeben.

4. Versuchsplan

Aus der Zielsetzung der Arbeit ergeben sich zwei Versuchsreihen. Im ersten Teil sollen in Anlehnung an frühere Versuche (17; 18) unter gleichen Bedingungen U-Biegeteile hergestellt werden. Beurteilungskriterium ist einmal die Kraft, die zum Hochstellen der Schenkel - nachfolgend auch Hochstellkraft P_{b1} genannt - erforderlich wird, und der Öffnungswinkel β zwischen Schenkeln und Steg beim hergestellten Biegeprofil. Das Auswerteverfahren war im übrigen das gleiche wie in der schon mehrfach genannten Literaturarbeit (18), die das Kalt- und Warm-Biegen von allgemeinen Grobblechen behandelt.

Der zweite Teil der Arbeit umfaßt einen Vergleich der Ergebnisse mit der früheren Arbeit (18). Ein Vergleich wurde durch Zuordnung der grundlegenden Größen aus Biegeversuchen möglich. Weiterhin soll der Einfluß dünner Auflageschichten untersucht werden. Ferner soll die Verfestigung im Bereich des Biegeradius durch Vickers-Härte-Prüfungen bestimmt werden.

Als Haupteinflußgrößen auf den Kraftbedarf und die Formänderung werden nach Angaben aus dem Schrifttum (17; 18) die Blechdicke s_O, die Stempelrundung r_S und die Einzugsrundung r_M sowie der Werkstoff genannt. Von besonderem Interesse ist der Zusammenhang zwischen den beiden Größen s_O und r_S, ausgedrückt durch das Verhältnis r_S/s_O (bezogener Stempelradius), da sie die Kraft zum Hochstellen der Schenkel (Hochstellkraft P_{b1}) und die Maßhaltigkeit der U-Profile (Öffnungswinkel β) entscheidend beeinflussen; wird nämlich r_S kleiner, so vergrößert sich die Hochstellkraft P_{b1}, während sich der Öffnungswinkel β im allgemeinen verkleinert. Die Größen stehen zueinander in einfachen Beziehungen. Beide Größen und somit auch die Umformfähigkeit beim U-Biegen zeigen die günstigsten Werte bei dünnen Blechproben.

Neben den vorstehend besprochenen Haupteinflußgrößen haben auch noch eine Reihe anderer werkstoffbedingter Faktoren eine gewisse Bedeutung. So sind als Versuchsvarianten sowohl Proben mit doppelseitiger Plattierungsauflage möglich als auch die Erweiterung der Proben mit verschiedenen Auflagewerkstoffen und legierten Stählen als Grundwerkstoffe. Wegen des großen Material- und Zeitaufwandes war es im Rahmen dieser Arbeit nicht möglich, alle Probleme, die in dieses Gebiet hineingehören, zu betrachten; sie müssen daher späteren Untersuchungen vorbehalten bleiben. Für die vorliegenden Untersuchungen wurden demgemäß nur die im nächsten Abschnitt aufgeführten Blechgruppen und Stähle herangezogen.

5. Art und Umfang der Versuchswerkstoffe

Für die Versuche wurden die Stahlsorten (Grund- und Auflagewerkstoff) nach der praktischen Bedeutung und die Blechdicken nach dem vermuteten unterschiedlichen Verhalten bei der Umformung ausgewählt. Als Ausgangsmaterial standen scheren- oder brenngeschnittene Streifen aus plattierten Stahlblechen nach Stahl-Eisen-Lieferbedingungen O75-54 zur Verfügung. Durch die Verwendung der gleichen Biegewerkzeuge, wie bei den früheren Versuchen, war die Abmessung der Blechstreifen von vornherein festgelegt.

Die Zuschnittslänge betrug 220 mm, die Breite 100 mm mit den üblichen
Bearbeitungszugaben an den beiden Längskanten. Die Streifen waren beim
Erzeuger noch am Walzblech einer Glühbehandlung oberhalb A_3 mit an-
schließender Abkühlung an ruhender Luft unterzogen worden und den Blechen quer zur Walzrichtung entnommen, so daß die Lage der Biegeachsen
der Walzrichtung entsprach. Biegeproben mit der Verformungsrichtung
"quer" zur Walzrichtung lassen nach Angaben im Schrifttum (18) und nach
DIN 6935 (19) in vielen Fällen kleinere Biegehalbmesser als die "längs" zur
Walzrichtung zu. Die Proben hatten auf der Grundwerkstoffseite eine fest
haftende Walzhaut, während die Plattierungsoberfläche mit einer dünnen,
äußerst spröden Schicht, bestehend aus einem Gemenge von Spinell und
Trennmittel, behaftet war. Im einzelnen wurden 6 Blechdicken berücksichtigt, die in 6 Bereiche entsprechend ihrer Probendicke eingeteilt wurden:

Dickenbereich 1:   5, 7 mm   (3, 7 x 2, 0 mm)
Dickenbereich 2:   6, 0 mm   (5, 0 x 1, 0 mm)
Dickenbereich 3:   6, 6 mm   (4, 6 x 2, 0 mm)
Dickenbereich 4: 12, 7 mm   (10, 7 x 2, 0 mm)
Dickenbereich 5: 18, 8 mm   (16, 8 x 2, 0 mm)
Dickenbereich 6: 21, 0 mm   (19, 0 x 2, 0 mm)

Die Auflagedicke betrug mit Ausnahme des Dickenbereiches 2 einheitlich
etwa 2, 0 mm (Dickenbereich 2: rund 1, 0 mm). Das Schichtdickenverhältnis $s_A/s_G \cdot 100\%$ (Auflagedicke zu Grundwerkstoffdicke) beträgt somit
54 %, 20 %, 43, 5 %, 18, 7 %, 11, 9 % und 10, 5 %.

Tab. 1 (s. Anhang) gibt die untersuchten Werkstoffe an. Das Versuchsmaterial ist eine Kombination aus unlegiertem Kesselbaustahl H I nach DIN
17155 als Grundwerkstoff und austenitischen Chrom-Nickel-Stählen vom
18-Ni-Typ nach DIN 17006 als Plattierungswerkstoff. Die chemische Zusammensetzung der untersuchten Werkstoffe ist in Tab. 1 ebenfalls enthalten.

Der Gesamtumfang an Proben für die Untersuchungen belief sich auf etwa
250 Probeplatten, die dankenswerterweise von zwei Herstellerwerken ko-
stenlos zur Verfügung gestellt wurden.

6. Versuchseinrichtung

Die U-Biegeversuche erfolgten in einer dem Prinzip nach bereits bekann-
ten Vorrichtung. Die Versuchseinrichtung und die verwendete Meßappara-
tur wurden in der schon mehrfach erwähnten Arbeit von M. Vater und H.
Stapper (18) ausführlich beschrieben, so daß hier auf die Erörterung wei-
terer Einzelheiten verzichtet werden kann.

Als Probenmaterial standen plattierte Grobbleche der genannten Blechdik-
kengruppen 1 bis 6 zur Verfügung. Die Versuche wurden bei Verwendung
verschiedener Stempel- und Matrizenhalbmesser, deren Abrundungsradien
(r_S und r_M) in Tab. 2 angegeben sind, durchgeführt. Es wurde wieder so
vorgegangen, daß jeweils, ausgehend vom größten Radius der betreffenden
Blechdicke, in der Reihenfolge großer —— kleiner Halbmesser gebogen
wurde. Um den Einfluß der Einzugsrundung der Matrize festzustellen, wur-

de auch der Matrizenhalbmesser verändert. Die Werkstoffproben wurden
bei 1000 °C und bei Raumtemperatur im U-Gesenk ohne Gegenhalter in
einem Arbeitsgang gebogen. Für jeden Versuch waren wenigstens 2 Proben
vorgesehen. Gemessen wurde die aufgewendete Kraft zum Hochstellen der
Schenkel zum U-Biegeprofil und die Formänderungen, wie sie sich nach
dem Herausnehmen der Probe aus dem Biegegesenk einstellten.

7. Versuchsdurchführung

Das benutzte Probenmaterial wurde an den beiden Längskanten auf der Ho-
belmaschine sorgfältig auf 100 mm Breite bearbeitet und gleichmäßig ent-
gratet, um die Bildung von Rissen an den Kanten, die nach Angaben im
Schrifttum (18) bei unbearbeiteten Proben vorzugsweise im Bereich der
Biegezone entstehen, soweit wie möglich auszuschalten. Weiterhin sollten
durch eine sorgfältige Kantenbearbeitung die durch den Brenn- oder Sche-
renschnitt evt. entstandenen versprödeten Zonen beseitigt werden.

Danach wurden die Probeplatten durchnummeriert und ihre Blechdicke mit
einem Tastmikrometer an mehreren Meßpunkten festgestellt.

Die Ergebnisse der Messungen sind in Abb. 1 dargestellt. Wie die Abbildung zeigt, ist die Abweichung vom Gesamtmittel der Probendicke (Nenndicke) in den Bereichen 4 bis 6 (12,7 mm, 18,8 mm und 21,0 mm) erwartungsgemäß am größten und relativ gering bei den anderen Dickenbereichen.

Die Probestreifen für die Warmbiegeversuche wurden in einem elektrisch
beheizten Muffelofen einzeln eingesetzt und durchschnittlich 20 Minuten
erwärmt. Sie standen dann nach dem Temperaturausgleich noch etwa 10
Minuten auf der gewünschten Versuchstemperatur. Es wurde ein Ofen mit
Schutzgas verwendet. Kurz bevor die erwärmten Proben nach der genannten Aufheiz- und Haltezeit gezogen wurden, wurde, wie bei den früheren
Versuchen, Stempel- und Biegegesenk auf etwa 250 ° vorgewärmt und die
Eichmarke für die Kraftmessung geschrieben. Danach wurde die heiße Probe mit einer ebenfalls vorgewärmten Zange aus dem Ofen genommen, auf
das Gesenk gelegt und sofort gebogen. Vom Herausnehmen der Proben aus
dem Ofen bis zum Auflegen auf das Biegegesenk verstrich im Mittel eine
Zeit von ca. 5 Sekunden, die im vorliegenden Falle auch nicht weiter ver-
mindert werden konnte. Aus diesem Grunde erschien es daher notwendig
zu prüfen, ob die Probentemperatur nach dieser Zeit innerhalb gewisser
Grenzen den gewünschten Wert behält. Beim Wärmen der Proben muß also evtl. der Wärmeverlust vom Ziehen bis zum Auflegen auf das Biegegesenk berücksichtigt werden. Hierzu wurde die Temperatur der Probeplatten bei 1000 ° nach Entfernen aus dem Ofen in Abhängigkeit von der Plattendicke verfolgt. Als Meßstelle wurde in Höhe der halben Probenlänge in
der Mitte seitlich eine dünne Bohrung angeordnet, in die ein Thermoele-
ment zur Meßstelle eingeführt war. Die Versuchsplatte wurde mit diesem
Element in einem bereits aufgeheizten Ofen auf Temperatur gebracht und
anschließend entsprechend der üblichen Versuchsführung auf das Biegegesenk gelegt. Gleichzeitig wurde die Temperatur durch einen Lichtstrahl-
Oszillographen aufgezeichnet. Es zeigt sich, daß die Temperaturabnahme,
wie erwartet, bei den dicken Probeplatten in erträglichen Grenzen bleibt,
während sie bei den dünnen stark abnimmt. Durch entsprechendes Wärmen

des Probestückes konnte der Temperaturverlust kompensiert werden, so
daß die Versuchstemperatur beim Aufsetzen des Biegestempels nicht weit
von dem gewünschten Wert von 1000 $^{\circ}$ lag.

Der Biegevorgang, ob kalt oder warm, wurde durch Kraft-Weg-Schriebe
aufgezeichnet. Die Werkzeuggeschwindigkeit für alle Versuche war einheitlich auf 50 mm/s eingestellt.

8. Versuchsauswertung, Versuchsergebnisse und Diskussion

In Abb. 2 sind stellvertretend für die übrigen Plattendicken einige aus
s_O = 6,6, 12,7 und 18,8 mm dicken Blechen bei den Biegeversuchen erhal-
tene U-Profile wiedergegeben, die nach Abschluß jeder Versuchsreihe ausgemessen wurden. Die Vermessung erstreckte sich nach Abb. 3 auf den
kleinsten Innenbiegehalbmesser r_i, den äußeren Krümmungshalbmesser R
des die Schenkel verbindenden Steges und auf den Öffnungswinkel β zwischen
den Schenkeln und dem Steg. Gemessen wurde mit Hilfe von Meßzeugen jeweils in Höhe der halben Profilbreite b.

Durch Auswerten der Kraft-Weg-Schriebe wurde die Hochstellkraft Pb_1 bestimmt. Bei der Ausmessung der Kraft- und Wegaufzeichnungen wurden
die Werte der einzelnen Proben, die unter gleichen Bedingungen aufgenom-
men worden sind, einander zugeordnet. Somit konnten aus den Schrieben
die entsprechenden Biegekraftwerte für die Blechdicke s_O, den Stempelradius r_S und der Biegegesenkrundung r_M errechnet werden. Auch bei den
vorliegenden U-Biegeversuchen wurden, wie schon bei früheren Untersuchungen, auf die Messung der Kraft Pb_1 mehr Wert gelegt als auf Pb_2, der
Kraft zum Ausrichten des Steges. Die aus den Versuchen unter gleichen
Bedingungen erhaltenen Werte wurden gemittelt, wobei sich herausstellte,
daß die Streuung um den errechneten Mittelwert etwa 10 bis 15 % beträgt.

Bevor auf die Ergebnisse der Untersuchungen näher eingegangen wird, soll
im folgenden Abschnitt jedoch zunächst das Verhalten der Plattierungsschicht beim Pressen zum U-Profil untersucht werden. Die Versuche hierfür wurden an 18,8 mm dicken Probestreifen durchgeführt. Als Versuchsvarianten wurden Blechplatten mit der dem Biegestempel zugewandten
Plattierungsschicht und mit der dem Biegestempel abgewandten Plattierungsschicht (Plattierungsseite "oben" bzw. Plattierungsseite "unten") untersucht, da Profile je nach Verwendungszweck mit Innen- oder Außen-
plattierung gefertigt werden. Gebogen wurden die Proben mit den Stempel-
rundungen r_S = 10, 20, 30 mm und dem Matrizenhalbmesser r_M = 25 mm
an der Einzugskante im U-Gesenk.

Die Ergebnisse dieser Untersuchungen sind in Abb. 4 wiedergegeben, in
dem die Werte aus einer Anzahl Kraft-Weg-Schriebe in ein Kraft-Weg-
Diagramm eingezeichnet worden sind. Die oberen sechs Kurven geben die
Versuchsergebnisse der bei Raumtemperatur gebogenen Profile, die unteren sechs, mit wesentlich geringerem Kraftbedarf, der bei 1000 $^{\circ}$ C,
wieder. Bei einem Vergleich der einzelnen Kurven untereinander werden
die Unterschiede in der Kraft- beim Kalt- und Warmbiegen von U-Profilen deutlich sichtbar. Die Fläche unter den einzelnen Kraft-Weg-Kurven
gibt die von der Biegepresse geleistete Formänderungsarbeit an. Die in

Abb. 4 dargestellten und aus Mittelwerten gebildeten Kurven (die Werte
sind durch offene und ausgefüllte Symbole gekennzeichnet) zeigen ferner,
daß aus den unter gleichen Prüfbedingungen ermittelten Versuchspunkten
zwei verschiedene Kurvenzüge erhalten werden, die das unterschiedliche
Verhalten von Proben mit unten- bzw. obenliegender Plattierung vor dem
Pressen erkennen lassen. Man stellt fest, daß zwischen der Anordnung der
Plattierung beim Verformen der Bleche bei Raumtemperatur Unterschiede
von etwa 8 bis 10 % in der Kraft, beim Warmbiegen sich solche bis zu etwa 50 % ergeben können. Während also, wie im genannten Bild gezeigt,
für warmgebogene Proben eindeutige Unterschiede in den Biegekräften hinsichtlich der Plattierungsauflage festzustellen sind, ist dies für kaltgeboge-
ne Proben nicht so klar zu erkennen. (Die Kurven für die innenplattierten
Profile liegen in zwei Fällen unter und in einem Fall sogar über den Kurven für außenplattierte Profile). Hieraus kann man schließen, daß es eine
einheitliche Tendenz, hinsichtlich der Hochstellkraft in der Plattierungslage zum Biegestempel beim Kaltbiegen von Grobblechen im U-Gesenk, im
Gegensatz zum Warmbiegen nicht gibt.

Diese Aussage wird auch durch Abb. 5 im wesentlichen bestätigt, die einen
weiteren Einblick auf den Kraftbedarf beim Kaltbiegen, hier von 6,6 mm
dicken Probeplatten vermittelt; und worin die bezogene Hochstellkraft über
die untersuchten Stempelhalbmesser r_S, wieder unterteilt in innenplattiert
und außenplattiert, aufgetragen ist. Die schraffierten Flächen geben die
ermittelten Unterschiede in den Pb_1-Werten für die benutzten Stempelhalbmesser an. Außer den als geringfügig anzusehenden Unterschieden im Streu-
bereich werden keine bemerkenswerten Abweichungen zwischen unten- und
obenplattierten Probeplatten beim U-Biegen sichtbar. Dies beweist, daß
beim Kaltbiegen eine Unterteilung der Versuche in Probeplatten mit oben-
und untenliegender Plattierung beim Biegen, soweit es die Hochstellkraft
betrifft, bei den hier vorliegenden Blechen nichts bringt. Im Gegensatz hierzu ist jedoch beim Warmbiegen, wie dies durch die unteren Kurven bereits
in Abb. 4 zum Ausdruck kommt, auch hier wieder festzustellen, daß die
benötigte Kraft zum Hochstellen der Profilschenkel bei Probeplatten mit
der dem Biegestempel abgekehrten Plattierung größer ist als umgekehrt.
Diese an sich eindeutige Feststellung erlaubte es wegen der zahlenmäßig
beschränkten Anzahl zur Verfügung stehender Proben jedoch nicht, Warm-
biegeversuche sowohl mit der dem Stempel zugekehrten und dem Biegestempel abgekehrten Plattierungsauflage durchzuführen. Die Untersuchungen wurden mithin nur in einer Versuchsart, nämlich mit der Plattierungsauflage zum Biegestempel, das heißt mit der Plattierung innen am fertigen
U-Profil, also mit einer Beanspruchung der Plattierung auf der Drucksei-
te, durchgeführt. Der innenliegenden Plattierung wurde der Vorzug gegeben, weil in der Praxis weit mehr Teile mit innen- als außenangeordneter
Plattierung gefertigt werden.

Nach der Darstellung der Ergebnisse im vorstehenden Abschnitt, wobei
festgestellt wurde, daß Unterschiede zwischen den beiden Versuchsarten
beim U-Biegen hinsichtlich der Größe der Hochstellkraft bestehen, sollen
nunmehr die Ergebnisse der Untersuchungen über das Umformverhalten
von plattierten Grobblechen im U-Biegegesenk einzeln dargestellt und be-
urteilt werden.

Zunächst soll die bezogene Biegekraft der untersuchten Bleche und der Zusammenhang mit den einzelnen Größen betrachtet sowie den Ergebnissen der Untersuchungen an Grobblechen aus allgemeinem Baustahl vergleichend gegenübergestellt werden. Dabei zeigte sich erwartungsgemäß, daß bei der Beurteilung der bezogenen Hochstellkraft von Blechen, die durch U-Biegen im Gesenk umgeformt werden, diese in erster Linie wieder durch die umformtechnischen Größen s_O (Blechdicke), r_S (Stempelradius) und r_M (Matrizenradius) bestimmt wird.

Einen Einblick auf den qualitativen Einfluß der genannten Größen vermitteln die Abb. 6, 7 und 8. Diese Abbildungen zeigen die Untersuchungsergebnisse kalt und warm (1000 °C) an quer zur Walzrichtung entnommenen (Abb. 4) und gebogenen plattierten Grobblechproben, wie sie durch die vollausgezogenen Linien zum Ausdruck kommen. Die dünnen strichpunktierten Linien geben die Ergebnisse von Untersuchungen, an nichtplattierten Grobblechen (18) ermittelt, wieder. Die Hochstellkraft Pb_1 ist gegen das die Schärfe der Krümmung kennzeichnende Verhältnis r_S/s_O (bezogener Stempelradius) aufgetragen. Die Diagramme unterscheiden sich voneinander durch die in den einzelnen Versuchsreihen benutzten verschiedenen umformtechnischen Größen s_O, r_S und r_M, sowie durch die Formgebungstemperaturen. Ein Zusammenhang zwischen s_O, r_S und r_M wird deutlich erkennbar, und zwar wird die Hochstellkraft vorzugsweise von den drei genannten Größen bestimmt. Sie steigt erwartungsgemäß mit größer werdender Blechdicke an, beim Warmbiegen weniger stark als beim Kaltbiegen. Mit kleiner werdenden Rundungshalbmessern des Werkzeuges (r_S und r_M) wächst auch die aufzuwendende Biegekraft Pb_1. Die Meßergebnisse in den Abbildungen bestätigen die im Schrifttum vorhandenen Angaben, wonach beim U-Biegen von Blechen die erforderlichen Biegekräfte mit kleiner werdenden Werkzeugabrundungen und steigender Blechdicke zunehmen (18). Ferner entsprechen die Ergebnisse der bei 1000 ° durchgeführten Untersuchungen der allgemeinen Vorstellung über den Kraftbedarf beim Warmbiegen.

Die in den Abbildungen angegebenen einzelnen Meßpunkte der untersuchten plattierten Grobbleche stellen die arithmetischen Mittelwerte von Einzelmessungen dar, sie sind die Meßwerte von mindestens zwei Versuchen. Man sieht, daß die einzelnen Meßpunkte mehr oder weniger stark um eine Mittelwertgerade streuen, die aus den beiden Hüllgeraden abgeleitet worden ist, jedoch in den Abbildungen wegen der besseren Übersichtlichkeit der Darstellung nicht eingezeichnet wurde. Die verbleibenden Punkte in den Abbildungen zeigen, daß die Streugebiete der bei Raumtemperatur aus den dicken Blechen gebogenen Teile von den für Warmbiegetemperatur geltenden etwas voneinander abweichen. Offenbar machen sich in den kaltgebogenen Proben Schwankungen in der Blechdicke, die zu Verpressungen im Gesenk in Verbindung mit starker Riefenbildung führen und die auch an den hergestellten Profilen in einigen Fällen recht deutlich sichtbar sind, beim Kaltbiegen dicker Bleche auf die Höhe der Hochstellkraft Pb_1 stärker bemerkbar als beim Warmbiegen. Diese Erkenntnisse decken sich mit den Angaben im Schrifttum, wo an 16,5 mm dicken U-Biegeteilen aus Stahlblech St 37.21 ebenfalls Erhöhungen an Pb_1 mit deutlicher Verpressung in Verbindung mit starker Riefenbildung beobachtet wurden (17). Im übrigen ist aus den Abbildungen eine bestimmte Tendenz hinsichtlich der Streuung nicht feststellbar.

Den Diagrammen ist weiter zu entnehmen, daß der Einfluß der auf die Blechdicke bezogenen Halbmesser r_S und r_M ziemlich gleich ist. Mit der Blechdicke s_O nimmt die Biegekraft in etwa linear zu, was auch für r_M gilt. Auch
hier ist mit kleiner werdendem Werkzeughalbmesser r_M ein linearer Anstieg der Biegekraft festzustellen. Bemerkenswert ist noch, daß die Abnahme der Hochstellkraft beim Warmbiegen gegenüber derjenigen beim Kaltbiegen bei den einzelnen Blechdicken nicht einheitlich ist; sie beträgt im
Mittel etwa 1/4 derjenigen, die bei Raumtemperatur gemessen wurde. Dieser Wert wurde ebenfalls in einer anderen Arbeit angegeben (18).

Die hierbei ausschließlich auf die zum U-Biegen von plattierten Grobblechen zugeschnittenen Ergebnisse geben zwar eine Aussage über die Hochstellkraft und ihre Beziehung zu den umformtechnischen Größen s_O, r_S und
r_M, sagen jedoch nichts über das Verhältnis plattierte zu allgemeinen nichtplattierten Grobblechen mit Bezug auf die Hochstellkraft aus. Von besonderem Interesse ist daher ein Vergleich der Hochstellkräfte, die unter den-
selben Versuchsbedingungen an plattierten und allgemeinen Grobblechen ge-
wonnen wurden.

Im nächsten Abschnitt sollen mithin die an plattierten und Voll-Grobblechen unter gleichen Versuchsbedingungen erhaltenen Ergebnisse vergleichend untersucht werden.

In den Abb. 6, 7 und 8 sind daher (wie bereits erwähnt) die eigenen Versuchsergebnisse durch ausgezogene Linien und die unter gleichen Versuchsbedingungen an Voll-Grobblechen gewonnenen Ergebnisse - als dünne strichpunktierte Linien eingezeichnet - für bei Raum- und Warmumformtemperatur hergestellte Profile zusammengefaßt dargestellt. Zunächst ist festzustellen, daß die in den Diagrammen wiedergegebenen Meßpunkte durch gerade Linien miteinander verbunden worden sind, sie wurden dem Schrifttum
entnommen, während die eigenen Meßergebnisse in Mittelwertgeraden zusammengefaßt sind. Vergleicht man die an plattierten und an allgemeinen
Voll-Grobblechen experimentell ermittelten, gegen r_S/s_O aufgetragenen
Werte der Hochstellkraft Pb_1, so zeigt sich, daß bei den hier verglichenen
drei ausgewählten Blechdicken unterschiedliche Abweichungen in den Hochstellkräften Pb_1 auftreten. Die Höhe der Unterschiede ist von Blechdicke
zu Blechdicke und Biegetemperatur verschieden. Bei den kaltgebogenen Profilen liegen die größten Differenzen zwischen den 5,7 und 12,7 mm dicken
Probestreifen vor. Als Ursache hierfür wird die Verfestigung des austenitischen Auflagewerkstoffes angesehen, die bei den beiden Probedicken an-
teilig 54 und 20 % (von der Grundwerkstoffdicke 3,7 und 10,7 mm) am größten ist. Bei den 21 mm dicken Proben waren die Unterschiede relativ gering. Berücksichtigt man jedoch die Ungenauigkeit in der experimentellen
Pb_1-Bestimmung, und bedenkt, daß schon geringe Abweichungen in der Probendicke zu nicht unwesentlichen Fehlern in der Hochstellkraft Pb_1 führen
können, so ergeben sich in der Reihenfolge der drei untersuchten Blechdicken Werte, bei denen man von einer guten Übereinstimmung der Hochstellkräfte von plattierten und allgemeinen Grobblechen sprechen kann. Ähnlich geringe Unterschiede lassen bei einem Vergleich auch die warmgebogenen Proben erkennen.

Hieraus ist zu schließen, daß aufgrund der vorliegenden experimentellen
Ergebnisse die Unterschiede in der Hochstellkraft Pb_1 beim plastischen
U-Biegen von plattierten Grobblechen mit einseitiger Plattierungsauflage
aus austenitischen Stählen und vollen Grobblechen meist gering oder nicht
vorhanden sind.

Von besonderer Bedeutung für die Beurteilung von Biegeteilen ist der kleinst-
zulässige Biegehalbmesser in Abhängigkeit von der Blechdicke. Die DIN
6935 (31) gibt hierfür den kleinstzulässigen Biegehalbmesser an. Die Abmessungen in der Norm - für das Kalt-Biegen aufgestellt - erschienen den Ver-
brauchern von Profilen aber oftmals als zu groß, weil einige Konstruktio-
nen scharfkantige Rundungen in den Biegungen verlangen. Deshalb sind in
den früheren Untersuchungen bereits Verformungsgrenzen festgelegt worden, die durch die Größe des Stempelhalbmessers bei vorgegebener Blechdicke bestimmt wurden. Bei Unterschreitung des zulässigen kleinsten Maßes
für die Rundung waren die Profile durch Risse oder Brüche an den Kanten
derart beschädigt, daß sie nicht mehr verwendbar schienen. Die Anrisse
traten auf den Außenkanten auf den beiden Seiten der Profile auf, und zwar
über die gesamte Breite im Bereich der Biegezone. Der kleinste benutzte
Stempelhalbmesser betrug r_S = 4,5 mm bzw. $r_S/s_O \approx 0,45$. Versuche ergaben ferner, daß der Einfluß des Stempelhalbmessers r_S auf die Rißbil-
dung größer ist als jener des Matrizenhalbmessers r_M (18).

Bei den vorliegenden Versuchen wurden Stempelhalbmesser von r_S = 2,5 mm
mit ebenfalls einem Verhältnis r_S/s_O = 0,45 benutzt. Biegerisse wurden
weder an den Außenkanten noch im Bereich der Biegezonen auf der Zugsei-
te vorgefunden. Diese Ergebnisse waren mit an den Kanten sorgfältig vor-
bereiteten Proben zu erwarten und entsprachen ganz allgemein der Vorstellung über die Bedeutung der Ausbildung von Schnittkanten auf das Auftreten
von Rissen beim U-Biegen (17; 18).

Die an plattierten Grobblechen kalt und warm durchgeführten U-Biegeversuche haben in den vergleichenden Betrachtungen nach den Ausführungen im
vorhergehenden Abschnitt hinsichtlich der Größe der Hochstellkraft zwischen plattierten und nichtplattierten Grobblechen keine nennenswerten Differenzen ergeben; mit den verbleibenden, nicht besprochenen Abmessungen
von plattierten Grobblechen sind gegenüber den allgemeinen nichtplattierten
oder sogenannten Voll-Grobblechen auch in anderer Hinsicht keine anderen
Ergebnisse mehr zu erwarten. Einen Einblick auf den Einfluß der Stempelhalbmesser r_S beim Kalt- und Warmbiegen von plattierten Grobblechen vermittelt gemäß Abb. 9 die Auftragung der Hochstellkraft Pb_1 über den Matrizenradius r_M für 21 mm dicke Probeplatten. Als Parameter sind die
Stempelhalbmesser 10, 16, 20, 30 mm und die Temperatur (20 und 1000°C)
vorhanden. Ein Zusammenhang ist gegeben; die Werte mit den vier Stempelhalbmessern heben sich deutlich voneinander ab. Ähnliches gilt für den Zusammenhang zwischen Hochstellkraft und Matrizenradius r_M. Es ergibt sich
die bekannte Abhängigkeit der beiden Größen voneinander, auch hier wird
mit größerwerdendem Matrizenradius r_M eine Abnahme der Hochstellkraft
Pb_1 erkennbar. Wie Abb. 9 weiter zeigt, sind die Unterschiede der kalt-
und warmgebogenen Probeplatten erwartungsgemäß recht groß. Während
der Einfluß des Stempelhalbmessers r_S beim Kaltbiegen noch bedeutend ist,
wird er beim Warmbiegen gering. Eine Abnahme der Hochstellkraft mit grö-
ßerwerdenden r_S-Werten und zunehmendem Matrizenradius r_M ist gut zu
erkennen. Kleinere Matrizen- und Stempelradien bewirken dagegen einen

16

Anstieg der Hochstellkraft. Diese Abbildung bestätigt noch die im neueren
Schrifttum (18) vorhandenen Angaben, wonach der Einfluß von r_S (Stempelhalbmesser) und r_M (Matrizenhalbmesser) etwa gleich groß ist. Die Feststellung, daß auch bei plattierten Blechen die Hochstellkräfte beim Warmbiegen (1000 ^{o}) etwa ein Viertel derjenigen bei Raumtemperatur betragen,
erscheint auch aufgrund der in Abb. 9 vorliegenden Ergebnisse gerechtfer-
tigt.

Die Vorstellung, daß mit kleiner werdenden r_S/s_O-Verhältnissen höhere
Hochstellkräfte beim U-Biegen erforderlich sind, wird durch die Auftragung der an 5,7, 6,6, 12,7 und 21,0 mm dicken Probeplatten ermittelten
Ergebnisse nochmals bestätigt (Abb. 10). Aufgetragen ist die bezogene
Hochstellkraft Pb_1 gegen das Schichtdickenverhältnis s_A/s_G x 100 in Pro-
zent (s_A = Auflagendicke, s_G = Grundwerkstoffdicke). Als Parameter dient
hier das r_S/s_O-Verhältnis bei r_M/s_O ungefähr 2 = konstant. Die Ergebnisse wurden an kalt- und warmgebogenen Proben erhalten. Der Abbildung
kann man entnehmen, daß mit größerwerdendem Schichtdickenverhältnis
s_A/s_G und abnehmender Blechdicke die Hochstellkräfte beim Kaltbiegen weniger als beim Warmbiegen, wie auch vorauszusehen war, abnehmen. Bei
s_O = 6,6 mm Probendicke und einem Verhältnis s_A/s_G von rund 40 % wird
ein Minimum an Hochstellkraft beim Kaltbiegen erreicht. Von diesem Punkt
ab ist dann bis zur dünnsten geprüften Probendicke von 5,7 mm mit einem
s_A/s_G-Verhältnis von 54 % ein deutlicher Anstieg in den Hochstellkräften
zu erkennen. Die daraus resultierende Abhängigkeit der Hochstellkraft von
der Auflagedicke weist bei plattierten Blechen mit austenitischen Auflagewerkstoffen auf den wesentlichen Einfluß des austenitischen Werkstoffes
hin, wobei sich noch zeigen muß, ob dem Verhältnis $s_A/s_G \gtrsim$ 40 % eine besondere Bedeutung zukommt. Bei warmgebogenen Probestreifen ist der Ver-
lauf der Hochstellkraft erwartungsgemäß ein anderer; auch hier ist zwar
mit abnehmender Blechdicke und zunehmendem s_A/s_G-Verhältnis ein Abfall in der Hochstellkraft zu erkennen, jedoch ist dieser nicht mehr so aus-
geprägt; der Abfall verläuft wesentlich flacher. Ein Anstieg der Hochstellkräfte zwischen den Blechdicken s_O = 5,7 und 6,6 mm kann aus Abb. 10
nicht mehr entnommen werden. Die Hochstellkraft beim Warmbiegen ist
bei dem dünnen, 5,7 mm gegenüber 6,6 mm dicken Blech im Gegensatz zum
Kaltbiegen sogar geringer.

Das Warmbiegen erbrachte also hinsichtlich der Hochstellkraft in Abhängigkeit des Verhältnisses Auflagedicke/Grundwerkstoffdicke gegenüber dem
Kaltbiegen keine differenzierenden Ergebnisse, da beim Warmbiegen in dem
bei den Versuchen geprüften Temperaturbereich die Verfestigung - die für
diese austenitischen Stähle bekanntlich charakteristisch ist - durch die nach-
folgende Entfestigung im Gegensatz zum Kaltbiegen offenbar sofort wieder
abgebaut wird.

Aufschlußreich können zu den vorstehend genannten Ergebnissen noch die
an einzelnen Profilen im Bereich der Profilkrümmung durchgeführten Här-
teuntersuchungen sein. Für diesen Zweck wurden Proben von jeweils 5,7
und 21,0 mm Dicke, also die kleinste und die dickste untersuchte Blechpro-
bendicke, die mit vier bezogenen Stempelhalbmessern von 0,5, 0,75, 1,0
und 1,5 sowie r_M/s_O ungefähr 2 = konstant gepreßt wurden, ausgewählt. Im
Bereich der Profilkrümmungen wurde, um eine größere Anzahl von Eindrük-
ken unterzubringen, die Prüfung nach Vickers mit 10 kp Belastung und 10 s
Belastungsdauer vorgenommen. Die Härte wurde an geschliffenen Oberflächen

mit O, 5 mm Abstand voneinander gemessen. Es wurden jeweils vier Einzelmessungen durchgeführt. Aus den Messungen ergab sich, daß die Streuungen der einzelnen Härtewerte innerhalb normaler Grenzen lagen.

In den Abb. 11 und 12 sind die Ergebnisse dieser Härteprüfungen dargestellt durch die bezogene Härtezunahme $HV_{10\epsilon}/HV_{10}$ (Härte des um ϵ verformten Werkstoffes / Härte des unverformten Werkstoffes), jedesmal in Abhängigkeit von der Blechdicke der beiden ausgewählten Probendicken, aufgetragen. Die Meßpunkte geben die Mittelwerte aus den Einzelmessungen wieder. Als Parameter sind die bezogenen Stempelradien r_S/s_O angegeben. Aus den Abbildungen erkennt man, daß die Zunahme von r_S/s_O durch eine Verminderung im Härteverhältnis des Auflagewerkstoffes begleitet ist, während grundwerkstoffseitig keine wesentlichen Veränderungen im Härteverhältnis wahrnehmbar sind.

Während bei den 5, 7 mm dicken Profilen am Auflagewerkstoff eine Erhöhung des Härteverhältnisses im Biegebereich mit abnehmenden r_S/s_O-Werten in der Reihenfolge: 1, 5 bis O, 5 zu verzeichnen ist, kann eine Zunahme der bezogenen Härte mit Sicherheit bei den aus 21, O mm dicken Blechstreifen gebogenen Profilen nicht angegeben werden. Aus den genannten Abbildungen ist noch zu sehen, daß die Verfestigung bei dem 5, 7 mm dicken Profil mit einem s_A/s_G-Verhältnis von 54 % bei gleichen bezogenen Stempelradien geringer ist, gegenüber den 21, O mm dicken Profilen mit einem s_A/s_G-Verhältnis von 1O, 5 %. Die Härte- und Festigkeitszunahme beim Kalt-U-Biegen von plattierten Blechen im Bereich der Profilkrümmung ist somit vom anteiligen Verhältnis des Auflagewerkstoffes abhängig, und ein Beweis für die größere relative Verfestigung des Auflagewerkstoffes gegenüber dem Grundwerkstoff. Den Abb. 11 und 12 entnimmt man außerdem, daß in den untersuchten r_S/s_O-Bereichen deutliche Maxima im Härteverhältnis der Auflagewerkstoffe an den beiden Probedicken zu erkennen sind. Eine Erklärung für diese Härteverteilung wird einmal in der Ausprägung der Stegecken im Bereich der Biegung beim Verpressen im Gesenk und zum andern in Richtung der Bindeebene in der Bildung von Martensit durch die Kaltumformung gesehen. Zu beachten ist auch, daß der Grundwerkstoff von den 21 mm dicken Profilen etwa in der Mitte zum Krümmungsmittelpunkt hin verschoben, ein Härteminimum aufweist, das etwa dem Bereich der neutralen Faser entspricht. Bei den untersuchten 5, 7 mm dicken Profilen ist ein solches nicht vorhanden. Beiden Blechdicken gemeinsam ist jedoch ein Anstieg in der Härte zum Probenrand hin. Dieses Ergebnis ist ein Beweis für die stärkere Materialverfestigung an der Oberfläche beim Verpressen. Die an den 5, 7 mm dicken Blechproben erhaltenen Ergebnisse (Abb. 1O), wo beim U-Biegen ein deutlicher Anstieg in der Hochstellkraft gegenüber den 6, 6 mm dicken Probeplatten wahrgenommen wurde und die bei dem hier vorliegenden Umformvorgang auf den offenbar wesentlichen Einfluß des s_A/s_G-Verhältnisses hinweisen, konnten durch Härteversuche nicht bestätigt werden.

8.2 Maßhaltigkeit der Profile

Entscheidend für das Umformverhalten von plattierten Blechen durch U-Biegen ist außer der aufgewendeten Biegekraft noch die Maßhaltigkeit der Profile, die in erster Linie durch den Öffnungswinkel β bestimmt wird. Daneben sind weiter noch der Innenradius r_i und der Stegkrümmungsradius R wichtige Beurteilungsgrößen.

Bevor jedoch die Versuchsergebnisse mit den hierbei ermittelten Beurteilungsgrößen einzeln besprochen werden, mußten, wie auch im ersten Teil des Abschnittes 7 geschehen, der Einfluß der Plattierungsauflage beim U-Biegen auf die Maßhaltigkeit der Profile untersucht werden.

Zu diesem Zweck wurden eine Anzahl Profile aus Blechplatten wieder mit verschiedener Lage der Plattierung zum Stempel hin gebogen. Die daraus hergestellten Profile wurden wie bereits früher durch Schablonen ausgemessen. Beurteilungsgrundlage für die Maßhaltigkeit der Profile war auch hier der erreichte Öffnungswinkel β. In <u>Abb. 13</u> sind für jeweils eine Plattendicke - als Beispiel die Werte der ermittelten Öffnungswinkel β - die bei Raumtemperatur an 6, 6 mm dicken Probeplatten erzielt wurden, eingezeichnet. Die gemessenen Öffnungswinkel β sind gegen die benutzten Stempelradien r_S aufgetragen. Die Meßergebnisse sind unterteilt in innenplattierte und außenplattierte Proben. Die schraffierten Flächen geben ebenfalls wie in Abb. 5 die ermittelten Unterschiede in den Öffnungswinkeln β für die benutzten Stempelradien r_S an. Der genannten Abbildung könnte man entnehmen, daß die Streuung der Öffnungswinkel bei den außenplattierten Proben mit größer werdendem Stempelradius etwas zunimmt. Es scheint als ob hier zwischen Stempelradius und Größe der Streuung ein lockerer Zusammenhang besteht. Mit der Zunahme des Stempelradius r_S ist dies jedoch nicht erklärbar. Es wird vermutet, daß hier Ungenauigkeiten in der Messung vorliegen, deren Abweichungen von r_i bei kleinen Stempelradien offenbar stärker bemerkbar sind als bei großen Radien. Auch der Unterschied zwischen innenplattiert und außenplattiert bei r_S = 12, O mm dürfte auf Ungenauigkeiten in der Messung zurückzuführen sein. Im übrigen sind die Fehler zwischen innen- und außenplattierten Profilen verhältnismäßig klein, so daß sie bei der Genauigkeit des Meßverfahrens vernachlässigt werden können.

Bei der Betrachtung der hier nicht eingetragenen Mittelwerte. wenn man einmal von den mit r_S = 12, O mm gebogenen Innenprofilen absieht. zeigt es sich, daß ein Zusammenhang zwischen Stempelradius und Öffnungswinkel besteht. Mit dem Stempelradius r_S geht fast ein linearer Anstieg des Öffnungswinkels β einher. Den vorstehenden ganz ähnliche Ergebnisse wurden auch bei der Auswertung von Innenradius r_i und Stegkrümmungsradius R gefunden. Diese Ergebnisse beweisen wiederum, daß zwischen der Lage der Plattierungsschicht zum Biegestempel beim Kaltbiegen von hier behandelten Blechen und der Maßhaltigkeit der U-Profile kein Zusammenhang besteht, so daß Versuche beim Biegen mit Plattierung außen und innen auch hier keine Differenzierungen bringen.

Die gefundenen Ergebnisse gelten ausnahmslos für die Verarbeitung von plattierten Grobblechen durch Kalt-U-Biegen. Bei den hier vorliegenden Versuchsergebnissen mit verschiedenen Stempelhalbmessern ändern sich an den hergestellten U-Profilen die Öffnungswinkel β, aber daneben auch noch Innenradius r_i und Stegkrümmungsradius R. Im Normblatt DIN 6935 (31) ist die erlaubte Abweichung für die Winkelstellung des Öffnungswinkels β angegeben. Bei der den Versuchen zugrundeliegenden Zuschnittlänge von 22O mm ergibt sich nach der genannten Norm für die Schenkellänge ein Maß zwischen 5O und 8O mm. Als Abweichung ist für die aufgezeigten Abmessungen ein Wert von $\pm$ 1,5° von der 90° Winkelstellung zwischen Steg und Schenkeln des Profils angegeben. Obwohl die Gewährleistungswerte in DIN 6935 nur für kalt gebogene U-Profile vorgesehen sind, sollen sie auch für die Beurteilung von U-Biegeprofilen aus plattierten Grobblechen mit herangezogen werden.

Die an den plattierten Grobblechen kalt und warm durchgeführten U-Biegeversuche ermöglichen neben der Ermittlung der Hochstellkraft Pb_1 auch Aussagen über das Verhalten der hier behandelten Blechstreifen nach dem Biegen, besonders über die erzielte Maßhaltigkeit der Profile nach der Herausnahme aus dem Biegegesenk, zu machen. Das gebräuchlichste und auch einfachste Verfahren zur Ermittlung dieser Eigenschaften ist wie bereits geschildert das Vermessen mit Hilfe von Lehren.

Vermessen wurden dabei wie oben erwähnt der kleinste Innenbiegehalbmesser r_i, der Stegkrümmungshalbmesser R und der Öffnungswinkel β. Gemessen wurde jeweils in Höhe der halben Profilbreite. Die vorzugsweise den Öffnungswinkel β von U-gebogenen plattierten Grobblechen kennzeichnenden Größen sollen im folgenden Abschnitt untersucht, einzeln dargestellt und in Auswertung früherer Untersuchungen mit sogenannten allgemeinen Grobblechen vergleichend gegenübergestellt werden.

In den <u>Abb. 14, 15 und 16</u> sind die beim Kalt- und Warmbiegen mit plattierten Probeplatten von 5,7, 12,7 und 21,0 mm erhaltenen Meßergebnisse, wie sie durch die vollausgezogenen Linien zum Ausdruck kommen, zusammenfassend dargestellt. Gemäß den genannten Abbildungen ist der Öffnungswinkel β über dem die Schärfe der Krümmung kennzeichnenden Verhältnis r_S/s_O aufgetragen. Die in den einzelnen Abbildungen enthaltenen Meßpunkte aus den untersuchten Biegeprofilen stellen auch hier wieder arithmetische Mittelwerte von Einzelmessungen dar und sind die Meßwerte von mindestens zwei Versuchen. Die dünnen strichpunktierten Linien geben die Ergebnisse früherer Untersuchungen der Parallelarbeit, an sogenannten allgemeinen Grobblechen ermittelt, wieder. Man erkennt, daß die einzelnen Meßpunkte zum Teil sehr stark um die eingezeichnete Mittelwertgerade streuen. Diese Gerade wurde auch hier mit Hilfe der beiden Hüllgeraden, aus denen sie abgeleitet wurde, ermittelt (in den Darstellungen wegen der besseren Übersichtlichkeit nicht eingezeichnet). In den Abbildungen sind ferner noch dicke strichpunktierte waagerechte Linien eingetragen, welche die nach DIN 6935 zulässigen Abweichungen des Öffnungswinkels mit $\pm$ 1,5° von der 90°-Stellung bei der Abmessung der verwendeten Proben angeben.

Bei der Erörterung der Maßhaltigkeit der jeweils aus drei verschiedenen Blechdicken hergestellten Profile, die Versuchsergebnisse sind getrennt für das Kalt- und Warmbiegen zu betrachten, entnimmt man aus der unteren Hälfte der Abbildungen, in der die Ergebnisse der Kalt-Biegeversuche eingezeichnet sind, daß der Öffnungswinkel β an den gemessenen Profilen sowohl von der Größe der Werkzeughalbmesser r_S und r_M wie auch von der Probendicke s_O abhängig ist. Der Öffnungswinkel β nimmt linear mit steigendem r_S/s_O-Verhältnis in der Reihenfolge: 5,7; 12,7; 21,0 mm zu. An diesem Ergebnis erkennt man, wie zu erwarten war, daß sich also neben der Blechdicke besonders nachteilig der Einfluß von r_S auf die Maßhaltigkeit der Profile in Bezug auf den Öffnungswinkel β bemerkbar macht. Hierbei kommt dem Verhältnis Stempelradius/Blechdicke eine wesentlich größere Bedeutung zu als dem Matrizenradius.

Ordnet man die aus den Biegeversuchen gewonnenen Werte in die nach DIN 6935 für den Offnungswinkel zulässigen Abweichungen nach oben und unten (als dicke strichpunktierte Linien eingezeichnet) zu, so wird aus den Abbildungen ersichtlich, daß nur die mit 5,7 mm dicken Blechplatten hergestellten Biegeteile in das Toleranzfeld der angezogenen Norm hineinpassen. Daß auch die aus 12,7 mm dicken Blechplatten hergestellten Profile, mit Ausnahme derjenigen, die mit einem Verhältnis r_S/s_O größer als etwa O,9 und einem r_M von 4O mm gebogen wurden, noch gut in die Norm hineinpassen, kann ebenfalls den Darstellungen entnommen werden (Abb. 15). Alle 21,O mm dicken U-Biegeteile liegen dagegen weit außerhalb der durch die Bestimmungen in der Norm festgesetzten Grenzen. Danach sind die größten Öffnungswinkel beim Biegen von dicken Blechen zu erwarten. Wie im Abschnitt 7.1 bereits bei der Erörterung der Hochstellkraft ausgeführt, haben auch die an plattierten U-Biegeteilen ermittelten Meßergebnisse einen Aussagewert bezüglich der Maßhaltigkeit (Öffnungswinkel β) und vermitteln außerdem eine klare Beziehung zu den wichtigen umformtechnischen Größen s_O, r_S und r_M; sie sagen jedoch wiederum nichts über das Verhältnis von plattierten zu sogenannten allgemeinen Grobblechen hinsichtlich des Öffnungswinkels aus. Von besonderem Interesse ist daher auch hier ein Vergleich zwischen den Öffnungswinkeln, die einmal an allgemeinen Grobblechen sowie an Grobblechen aus plattiertem Material erhalten wurden. Die an allgemeinen Grobblechen gewonnenen Ergebnisse sind daher mit den hier ermittelten Zusammenhängen zwischen dem Stempelradius einerseits und der Blechdicke andererseits, dargestellt durch das Verhältnis r_S/s_O und dem Matrizenradius r_M, sowie dem Öffnungswinkel β in den Abb. 14, 15 und 16 enthalten.

Ein Vergleich zeigt, daß die bei sämtlichen Versuchen unter den gleichen Bedingungen erhaltenen Öffnungswinkel β die gleiche Tendenz aufzeigen und keine ausgeprägten Unterschiede innerhalb derselben Dickenbereiche zwischen U-Biege-Profilen und solchen aus plattiertem Material sichtbar werden. Der Einfluß einer Plattierung ist kaum erkennbar. Aus den vorliegenden Versuchsergebnissen kann man für das kalt gebogene U-Profil mithin die Regel aufstellen, daß die Öffnungswinkel der Profile aus plattierten und allgemeinen Grobblechen zumeist gleich sind oder nur unbedeutend voneinander abweichen werden. Wieweit allerdings die hier gefundenen Zusammenhänge für plattierte Grobbleche für noch größere Breiten gültig sind, muß weiteren Versuchen vorbehalten bleiben, ebenso wie die Frage, wie sich andere als die hier untersuchten Plattierungskombinationen bezüglich der Maßhaltigkeit der gebogenen U-Profile verhalten.

Die weiter durchgeführten Messungen ergaben wie früher bei den U-Biegeteilen ferner, daß die Innenradien r_i von dem Stempelradius r_S, aber auch von der Plattendicke s_O abhängig sind. Es stellte sich auch heraus, daß bei einem Vergleich nur in wenigen Fällen eine Übereinstimmung zwischen den r_i- und r_S-Werten gefunden werden konnte. Die größten gemessenen Unterschiede bestanden bei Profilen, die aus den 5,7 mm dicken Probeplatten gebogen worden sind. Hier wurden r_i-Werte, die bis zu 25 % vom Stempelradius r_S abwichen, gefunden. Ein Einfluß vom Matrizenradius r_M auf den Innenbiegehalbmesser r_i konnte eindeutig nicht festgestellt werden.

Weitere Messungen erfolgten an den Profilstegen. Hier muß zwischen konkav und konvex gewölbten Teilen unterschieden werden. Es fiel auf, daß bis auf die 5,7 mm dicken Proben bei fast allen kalt gebogenen Profilen eine

mehr oder weniger deutliche Wölbung des Profilrückens beobachtet werden
konnte. Im einzelnen ließen die aus 6, 6 und 12, 7 mm dicken Probestreifen
gebogenen Teile eine Wölbung des Profilrückens nach innen erkennen; ab-
weichend hiervon wurden bei den 18, 8 und 21, O mm dicken Biegeteilen stets
Wölbungen nach außen gemessen. Der Wölbungsradius R war in allen Fällen
>1OOO mm.

Nachdem die Ergebnisse von Versuchen an kalt gebogenen Profilen einge-
hend dargestellt und erörtert wurden, soll im nächsten Abschnitt die Maßhaltigkeit der warm gebogenen Profile untersucht werden. Die Ergebnisse
dieser Messungen sind ebenfalls in den Abb. 14, 15 und 16 (obere Hälfte)
angegeben. Danach erhält man, wie vermutet, an den warm gebogenen Probeplatten ganz andere Ergebnisse als beim Kaltbiegen. Wie sich zeigt, ist
der Öffnungswinkel β an den gemessenen Profilen auch hier wieder abhängig von der Größe der Werkzeughalbmesser r_S und r_M sowie von der Blechdicke s_O. Der Öffnungswinkel β nimmt zwar linear mit steigendem r_S/s_O-
Verhältnis in der Reihenfolge der Blechdicke zu; ganz anders verläuft sein
Anstieg, er ist wesentlich flacher. Doch besitzt auch hier die zuvor für das
Kalt-U-Biegen aufgestellte Reihenfolge Stempelradius/Blechdicke (r_S/s_O)
vor dem Matrizenradius Gültigkeit.

Unter Zugrundelegung des nach DIN 6935 zulässigen Toleranzbereiches für
den Öffnungswinkel β von $\pm 1, 5^O$ zeigen die aus den 21, O mm dicken Probeplatten gebogenen Profile das günstigste Verhalten in ihrer Maßhaltigkeit.
Fast alle aus den 12, 7 mm dicken Blechplatten und die gesamten aus den
5, 7 mm dicken Platten hergestellten Profile lagen unter bzw. weit unter-
halb der durch die genannte Norm festgelegten Grenze von 88, 5°; umgekehrt
wie beim Kaltbiegen. Die Öffnungswinkel β liegen dabei etwa zwischen 84, 5
und 85, 5° (5, 7 mm) und zwischen 87 und 88, 5° (12, 7 mm); die Öffnungswinkel β waren also im ersten Fall sogar deutlich $< 9O^O$. Diese Ergebnisse weisen auf den für den hier vorliegenden Umformvorgang wesentlichen Einfluß
der verschiedenen Ausdehnungskoeffizienten der beiden Plattierungspartner
hin, was zur Folge hat, daß bei der Abkühlung der bereits gebogenen Probe
die Kontraktion des Auflagewerkstoffes größer ist als die des Grundwerkstoffes (Bimetalleffekt); wobei sich noch zeigen muß, welche Bedeutung der
Auflage beizumessen ist. Diese an Probeplatten mit 2 mm Auflage gewonnenen Ergebnisse wurden durch Versuche - allerdings geringer Anzahl -
an Grobblechen mit 5 mm Grundwerkstoff und 1, O mm Auflagedicke bestätigt. In Abb. 17 sind durch Zuordnung der gemessenen Öffnungswinkel zum
Stempelradius r_S/s_O die Unterschiede zwischen außen- und innenplattierten
Profilen der genannten Dicke nach dem Warmbiegen dargestellt. Man erkennt den wesentlichen Einfluß der Lage einer dünnen Plattierungsschicht
beim Warmbiegen auf den Öffnungswinkel β; deutlich unterscheiden sich die
verschiedenen plattierten Profile voneinander. Die Öffnungswinkel β liegen
bei außenplattierten Teilen in dem dargestellten r_S/s_O-Bereich etwa zwischen 94° und 95, 5°, waren also $> 9O^O$. Die innenplattierten Proben hatten
einen Öffnungswinkel von 83° und waren mithin $< 9O^O$. In Abb. 18 sind als
Beispiele zwei aus 6, O mm dicken Probeplatten hergestellte Profile mit
der Plattierung außen und innen abgebildet. Die Abbildung zeigt, daß das
linke Teil mit der Plattierung innen und das rechte mit der Plattierung
außen gebogen wurde; der Öffnungswinkel β beim linken Profil war viel kleiner als 9O^O und beim rechten wesentlich größer als 9O^O ausgefallen. Bei
beiden Profilen ist auch die unterschiedliche Auswölbung des Steges deutlich zu erkennen. Diese Abbildungen bestätigen, worauf auch schon oben

22

bereits hingewiesen worden ist, daß die zuvor für das Kaltbiegen von plattierten Grobblechen aufgestellte Regel für warm gebogene Profile insbesondere bei dünnen plattierten Blechen keine Gültigkeit mehr hat. Beim Warmbiegen muß also die Maßhaltigkeit der Profile in direktem Zusammenhang mit der Lage der Plattierung am Biegeteil gebracht werden.

Die Auswertung der an einer Anzahl plattierter Grobbleche gewonnenen Ergebnisse ermöglicht nunmehr nachstehende Übersicht:

Die bei den Biegeversuchen ermittelte Kraft zum Hochstellen der Profilschenkel im U-Biege-Gesenk bei den durch die r_S/s_O-Werte dargestellten bezogenen Stempelradien ergibt, wie Vergleiche der Ergebnisse zwischen den hier untersuchten und Grobblechen sogenannter allgemeiner Art gezeigt haben, daß hinsichtlich der Hochstellkraft zwischen den beiden Verofrmungs- oder Herstellungsarten keine grundsätzlichen Unterschiede bestehen. Es ist daher zu erwarten, daß Auflagen aus austenitischen rost- und säurebeständigen Stählen normaler Zusammensetzung und Dicke, die auf allgemeine Grobbleche aufplattiert sind, offenbar keinen Einfluß auf die aufzuwendende Kraft zum Hochstellen der Schenkel im U-Biege-Gesenk haben, bzw. daß sich die Plattierung nicht nachteilig auf die Hochstellkraft bemerkbar machen wird. Für die Praxis werden daher beim Biegen von 18/8-plattierten Blechen im U-Gesenk ohne Gegenhalter in den weitaus meisten Fällen die gleichen Hochstellkräfte aufzubringen sein wie bei den nichtplattierten. Die erforderlichen Kräfte zum Hochstellen der Profilschenkel sind beim Warmbiegen rund viermal kleiner als diejenigen, die zum Kaltbiegen erforderlich sind. Wieweit die hier gefundenen Zusammenhänge für plattierte Bleche allgemein gültig sind, muß allerdings weiteren Versuchen vorbehalten bleiben.

Die Maßhaltigkeit der kalt geformten Profile im U-Biege-Gesenk wird selbst durch eine 18/8-Plattierungsschicht nicht beeinflußt. Unterschiede innerhalb derselben Dickenbereiche zwischen den verschiedenen Blechsorten konnten bei der Gegenüberstellung der Meßwerte nicht festgestellt werden, obwohl diese nicht gänzlich auszuschließen sind. Die Ergebnisse über den Einfluß der Lage der Plattierungsschicht zum Biegestempel beim Kaltbiegen von den hier behandelten plattierten Blechen und der Maßhaltigkeit der bei den Versuchen hergestellten U-Biegeteile lassen vermuten, daß keine ausgeprägten Unterschiede bestehen. Danach spielt es offenbar keine Rolle für die Maßhaltigkeit, ob die Profile innen oder außen plattiert sind.

Bei den warm im U-Gesenk hergestellten Biegeteilen wird bei Blechen mit einem kleinen Schichtdickenverhältnis (s_S/s_G) die Maßhaltigkeit der Profile nicht wesentlich beeinflußt, dagegen bei einem großen Schichtdickenverhältnis sehr. Hier hat die Plattierung einen ungünstigen Einfluß auf die durch den erreichten Öffnungswinkel β dargestellte Maßhaltigkeit. Erwartungsgemäß wirkt sich der teilweise große Unterschied in den Ausdehnungskoeffizienten der beiden Stahlsorten nach dem Abkühlen besonders bei ungünstigem Schichtdickenverhältnis nachteilig auf die Teile aus. Es gilt als sicher, daß der Bimetalleffekt eine erhöhte Rückfederung zur Folge hat.

Die Öffnungswinkel der außen mit 18/8-plattierten U-Biegeteile lagen zwischen 94 und 95,5°, waren also > 90°, dagegen wurden bei innen mit 18/8-plattierten U-Biegeprofilen Öffnungswinkel zwischen 82,5 und 83° ermittelt, diese waren also < 90°. Demgemäß (entsprechend β) müßten also die

Werkzeuge verschieden ausgeführt werden. Der oben erwähnte Einfluß der
Plattierungsauflage beim Warmbiegen konnte auch hier bestätigt werden.

Für die Untersuchungen konnte nur eine zahlenmäßig geringe Anzahl Ver-
suchsproben herangezogen werden; denen noch dazu von der Auswahl her
Grenzen gesetzt waren, weil das benötigte Versuchsmaterial nicht immer
in den gewünschten Abmessungen vom Hersteller beschafft werden konnte.
Die hier gemachten Aussagen müssen daher auf die untersuchten Fälle be-
schränkt bleiben, wobei einzuschränken ist, daß sie in gewissen Fällen un-
sicher sein können.

9. Zusammenfassung

An einer größeren Anzahl mit Stählen vom 18/8-Typ plattierten Grobblech-
streifen verschiedener Dicke wurde im Biegeversuch das Verhalten der
Plattierungsart hinsichtlich der Verarbeitbarkeit untersucht. Bei den Versuchen wurden U-Biegeprofile im Gesenk ohne Gegenhalter durch Kalt- und
Warmumformung hergestellt. Die beim Pressen auftretenden Kräfte zum
Hochstellen der Profilschenkel (Hochstellkraft Pb_1) wurden gemessen. Nicht
gemessen wurden die Kräfte Pb_2 zum Ausrichten des Steges. Die Versuche
umfaßten neben der Ermittlung der Hochstellkräfte auch die Vermessung
des Öffnungswinkels β zwischen Schenkel und Steg, des kleinsten Innenbie-
gehalbmessers r_i und des Halbmessers R an der äußeren Krümmung des
die Schenkel verbindenden Steges. Dabei wurde versucht, die Zusammenhänge zwischen den umformtechnischen Größen wie: Werkstoff, Werkstoff-
dicke s_O und den Werkzeugabrundungsradien r_S und r_M klarzustellen. Ferner wurde versucht, durch vergleichende Untersuchungen das Umformverhalten von 18/8-plattierten Grobblechen gegenüber nichtplattierten Grobblechen herauszufinden. Die dadurch gewonnenen Ergebnisse sollten für die
Beurteilung der Eignung plattierter Grobbleche für die Verarbeitung durch
Umformen im U-Biege-Gesenk dienen.

[+)]Die Verfasser danken den beteiligten Blechherstellern für das zur Verfügung gestellte Versuchsmaterial

Literaturverzeichnis

(1) Ludwik, P.: Technologische Studie über Blechbiegung. Techn. Blätter (1903), S. 137.
(2) Rinagl, F.: Die Fließgrenze bei Biegebeanspruchung. VDI-Z. 80 (1936) Nr. 39, S. 1199/1200.
(3) Oehler, G.: Scharfkantiges Biegen dicker Bleche. Werkstattstechnik 38 (1944), S. 157/58.
(4) Mäkelt, H.: Untersuchung der Abkantfähigkeit von Aluminiumblechen. Werkstattstechnik u. Maschinenbau 39 (1949), S. 14/18.
(5) Mäkelt, H.: Biegeprüfung von Feinblechen mit fester Einspannung der Probenenden. Werkstattstechnik u. Maschinenbau 39 (1949), S. 197/202.
(6) Wolter, K.H.: Bildsames Biegen von Blechen um gerade Kanten. Diss. TH Hannover (1950).
(7) Wolter, K.H.: Das freie Biegen von Blechen im V-Gesenk. Mitt. F. B. (1950) Nr. 29, S. 1/6.
(8) Wolter, K.H.: Das freie Biegen von Blechen mit Biegewangen. Mitt. F. B. (1951) Nr. 2, S. 17/21.
(9) Wolter, K.H.: Freies Biegen von Blechen. VDI-Forsch.-H. 435 (1952).
(10) Kienzle, O.: Untersuchungen über das Biegen. Mitt. F. B. (1952) Nr. 6, S. 57/65.
(11) Oehler, G.: Gewölbte Stempel und Gegendruckplatte zum Ausgleich der Rückfederung bei U-förmigen Biegungen. Mitt. F. B. (1954) Nr. 22, S. 258/60.
(12) Oehler, G.: Das Lochen und Biegen dicker Bleche im Schiffbau. Mitt. F. B. (1955) Nr. 2, S. 21/24.
(13) Siebel, E., und W. Panknin: Biegefließkurven von Blechen. Ind.-Anz. 78 (1956) Nr. 25, S. 343/45.
(14) Oehler, G.: Abkantpressen. Ind.-Anz. 78 (1956) Nr. 43, S. 607/20.
(15) Oehler, G.: Zur Ermittlung der Abkantkraft. Mitt. F. B. (1956) Nr. 19/20, S. 215/25.
(16) Oehler, G.: Durch Umformung bedingte Versprödung an abgekanteten Proben aus St. 37. Mitt. F. B. (1957) Nr. 5, S. 45/51.
(17) Oehler, G.: Biegen, München: Carl Hanser Verlag 1963.
(18) Vater, M., und H. Stapper: Über das Kalt- und Warm-Biegen von Grobblechen. Mitt. F. B. (1967) Sammelnr., S. 272/90.
(19) Rädecker, W., und E. Schöne: Technologische Eigenschaften großer plattierter Bleche. Z. Ver. Dtsch. Ing. 80 (1936), S. 1163/65.
(20) Halfmann, K.: Plattierte Bleche und ihre Verarbeitung. Z. Ver. Dtsch. Ing. 78 (1934), S. 1421/22.
(21) Schöne, E.: Qualitätsfragen bei der Herstellung und Verwendung plattierter Bleche. Korrosion u. Metallschutz 17 (1941) Nr. 2, S. 49/52.
(22) Schöne, E.: Plattierte Bleche großer Abmessungen, ein neuer Werkstoff. Metallwirtschaft 15 (1936), S. 232/36.
(23) Rädecker, W.: Prüfung plattierter Stahlbleche. Stahl u. Eisen 58 (1938), S. 1153/60.
(24) Rädecker, W.: Der heutige Stand der Plattierung für den chemischen Apparatebau. Metallwirtschaft 19 (1940) Nr. 14/15, S. 279/83.
(25) Rädecker, W.: Über die Eigenschaften und die Anwendbarkeit plattierter Grobbleche. Metallwirtschaft 19 (1940) Nr. 3, S. 817/26.
(26) Anonym: Plattierte Stähle. Materials and Methods Vol. 26, Nr. 3 (1947), S. 97/108.
(27) Mansell, R.: Die Verarbeitung plattierter Stähle. Steel Processing 36 (1950) Nr. 12, S. 605/11 u. 645.
(28) Erskine, J.: Plattierte Bleche. Nuclear Engeneering 1 (1956), S. 97/100.
(29) Bastien, P.: Rostfreie plattierte Bleche. Revue de Metallurgie (1961), S. 1039/48.
(30) Thielsch, H.: Stähle mit Plattierungen aus nichtrostendem Stahl. Welding Research Counc. (1952) Nr. 3, S. 142/60.
(31) DIN 6935: Kalt-Abkanten und Kalt-Biegen. Arbeitsausschuß Stanzteile u. Fachnormenausschuß Eisen u. Stahl im DNA. Ausg. Jan. 1958.

a) Tabellen

Tab. 1: Chemische Zusammensetzung des Versuchsmaterials

Mittlere Probendicke (mm)	Markenbezeichnung Grund- / Auflagewerkstoff	Chemische Zusammensetzung (%)									
		C	Mn	Si	P	S	Cr	Ni	Mo	N_2	Ti
3,7	H I	0,13	0,60	0,24	0,015	0,030					
2	X10CrNiTi 18 9	0,05	1,54	0,50	0,026	0,007	17,48	11,58	0,19		0,39
5	H I	0,16	0,53	0,33	0,035	0,028					
1	X10CrNiTi 18 9	0,046	1,62	0,55	0,027	0,007	17,61	11,13	0,09		0,43
4,6	H I	0,12	0,71	0,26	0,016	0,038					
2	X2CrNi 18 9	0,025	1,62	0,46	0,028	0,08	17,35	10,80	0,17	0,029	
10,7	H I	0,16	0,65	0,28	0,015	0,013					
2	X10CrNiMoTi 18 10	0,043	1,39	0,40	0,026	0,006	17,50	12,50	2,28		0,46
16,8	H I	0,11	0,64	0,24	0,010	0,021					
2	X2CrNi 18 9	0,028	1,49	0,47	0,031	0,015	17,91	10,59	0,08	0,016	
19	H I	0,12	0,66	0,21	0,009	0,017					
2	X10CrNiTi 18 9	0,042	1,68	0,44	0,027	0,006	18,00	10,90	0,41		0,52

Tab. 2: Benutzte Stempel- und Matrizenhalbmesser

Mittlere Probendicke s_O (mm)	Stempelhalbmesser r_S (mm)				Matrizenhalbmesser r_M (mm)		
5,7	7,5	5	3,75	2,5	25	15	10
6,0	7,5	5	3,75	2,5	25	15	10
6,6	12	10	7,5	5		15	
12,7	18	12	9	6	40	15	10
18,8	30	20	16	10	40		
21,0	30	20	16	10	40	25	15

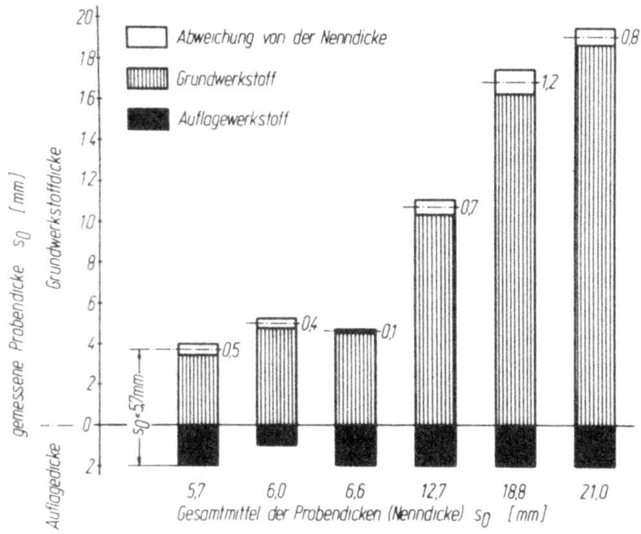

Abb. 1: Ergebnis der Dickenmessungen. Abweichungen von der Nenndicke für verschiedene Dickenbereiche

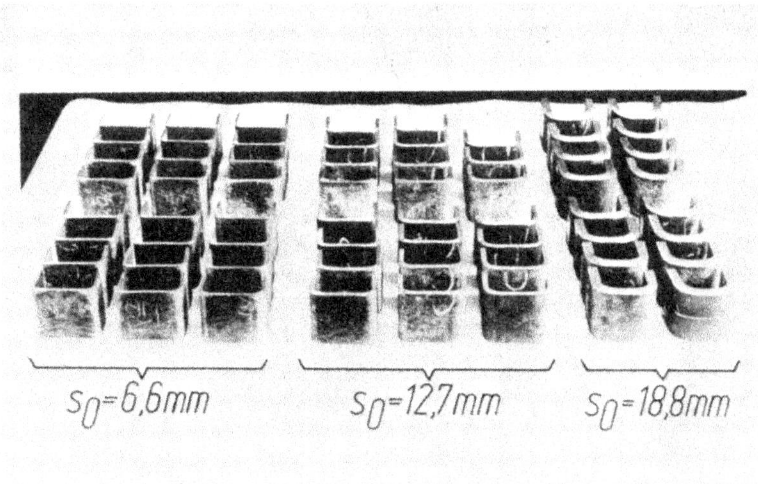

Abb. 2: U-Biegeprofile, links aus 6,6 mm, Mitte 12,7 mm, rechts 18,8 mm dicken Blechstreifen hergestellt

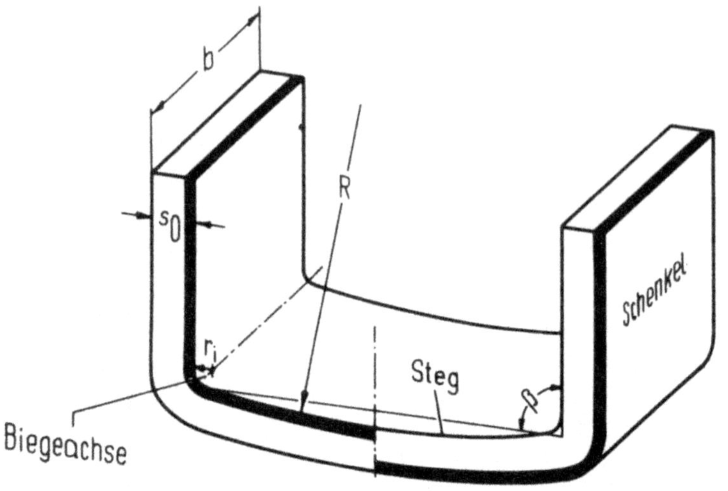

Abb. 3: U-Biegeprofil (schematisch) s_O = Dicke, b = Breite, r_i = Innenradius, β = Öffnungswinkel, R = Stegkrümmungsradius

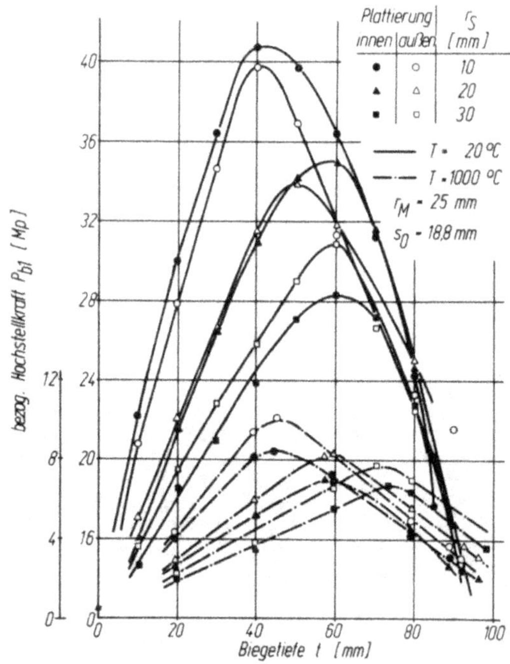

Abb. 4: Ergebnisse von U-Biegeversuchen mit innen- und außenplattierten Profilen bei Raum- und Warmumformtemperatur

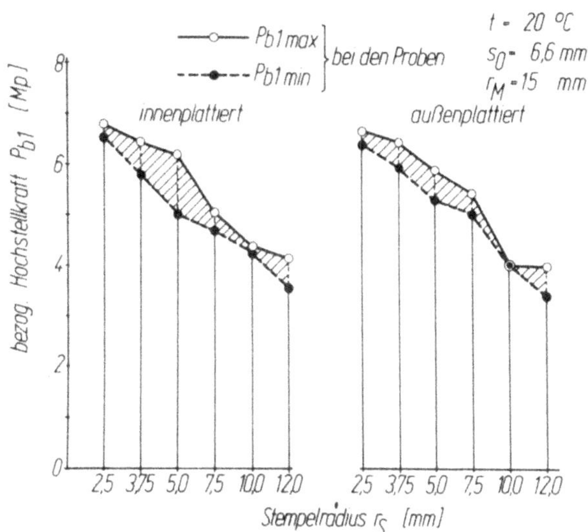

Abb. 5: Zusammenhang zwischen der bezogenen Hochstellkraft und dem Stempelradius für innen- und außenplattierte Proben

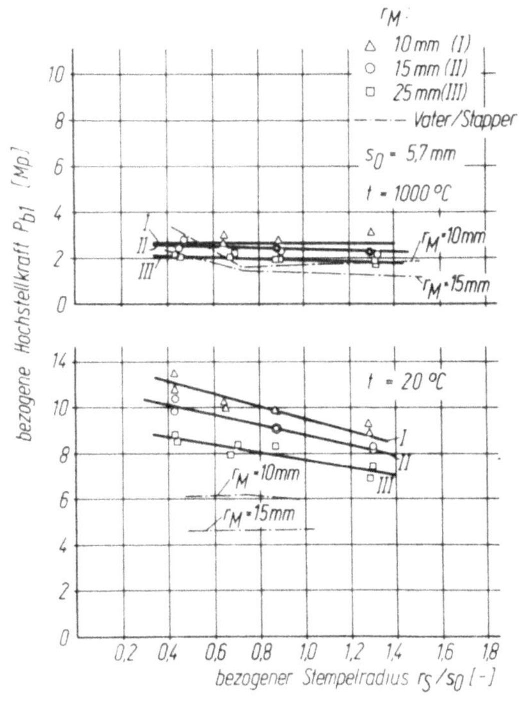

Abb. 6: Einfluß der bezogenen Stempelradien, Matrizenradien, Blechdicken und der Temperatur auf die bezogene Hochstellkraft. Zum Vergleich auch Ergebnisse von nichtplattierten Grobblechen

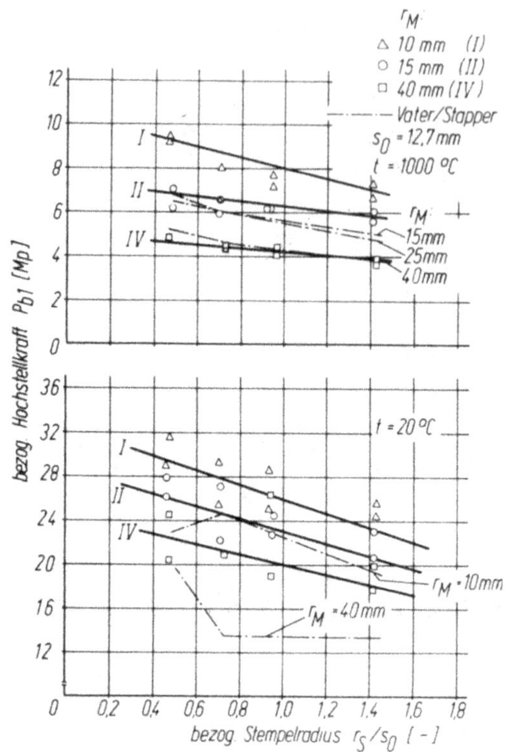

Abb. 7: Einfluß der bezogenen Stempelradien, Matrizenradien, Blechdicken und der Temperatur auf die bezogene Hochstellkraft. Zum Vergleich auch Ergebnisse von nichtplattierten Grobblechen

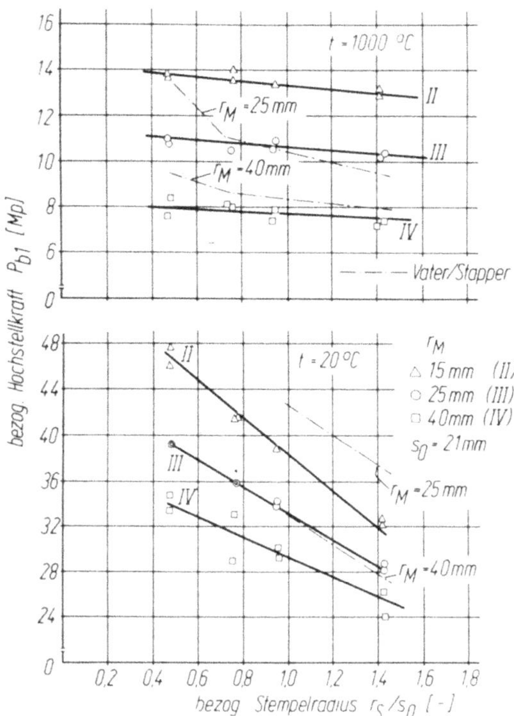

Abb. 8: Einfluß der bezogenen Stempelradien, Matrizenradien, Blechdicken und der Temperatur auf die bezogene Hochstellkraft. Zum Vergleich auch Ergebnisse von nichtplattierten Grobblechen

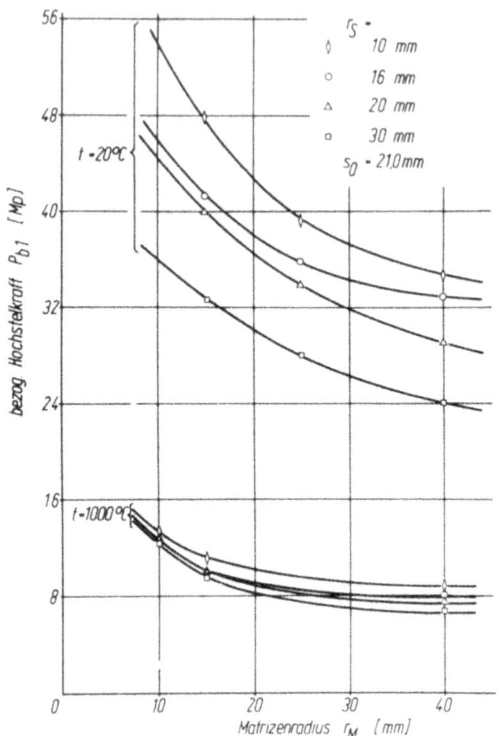

Abb. 9: Einfluß von Stempelradius, Matrizenradius und Temperatur auf die Ergebnisse der U-Biegeversuche

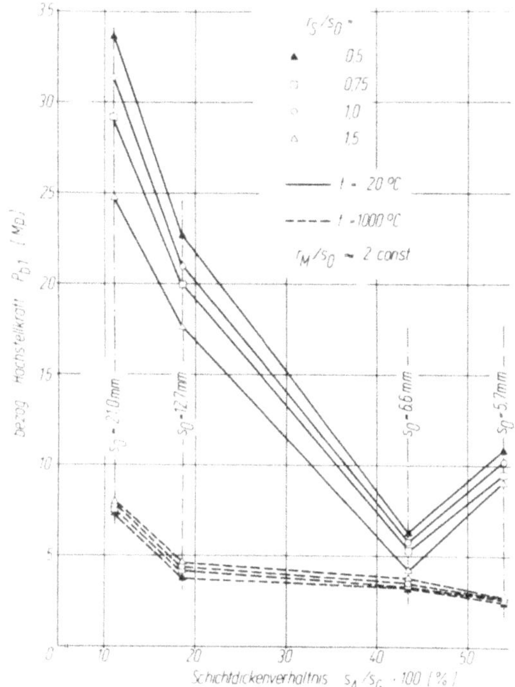

Abb. 10: Einfluß des Schichtdickenverhältnisses auf die bezogene Hochstellkraft der U-Biegeversuche beim Kalt- und Warmbiegen.
Proben erfassen verschiedene Dickenbereiche

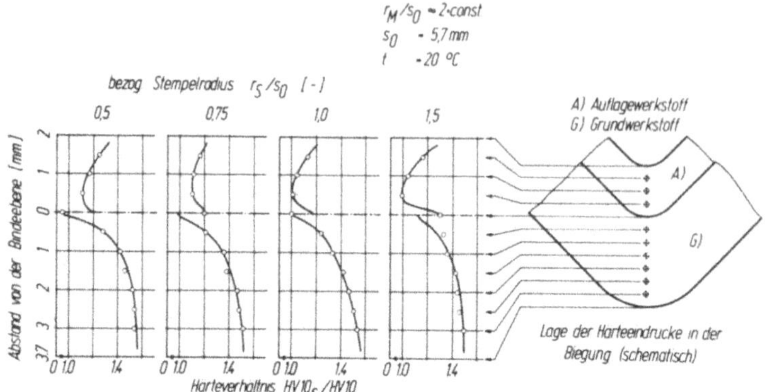

Abb. 11: Schematische Darstellung der Verteilung von Härteeindrücken über die Probendicke im Bereich der Biegung (Abb. 11 rechts). Bezogene Härtezunahme (Härteverhältnis) in der Profilkrümmung in Abhängigkeit vom bezogenen Stempelradius

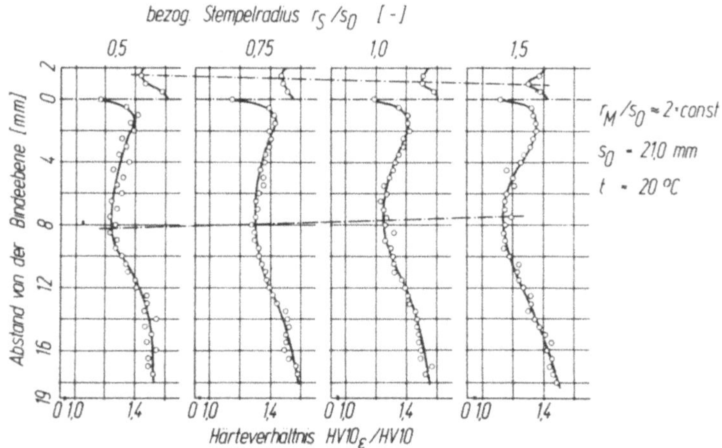

Abb. 12: Schematische Darstellung der Verteilung von Härteeindrücken über die Probendicke im Bereich der Biegung (Abb. 11 rechts). Bezogene Härtezunahme (Härteverhältnis) in der Profilkrümmung in Abhängigkeit vom bezogenen Stempelradius

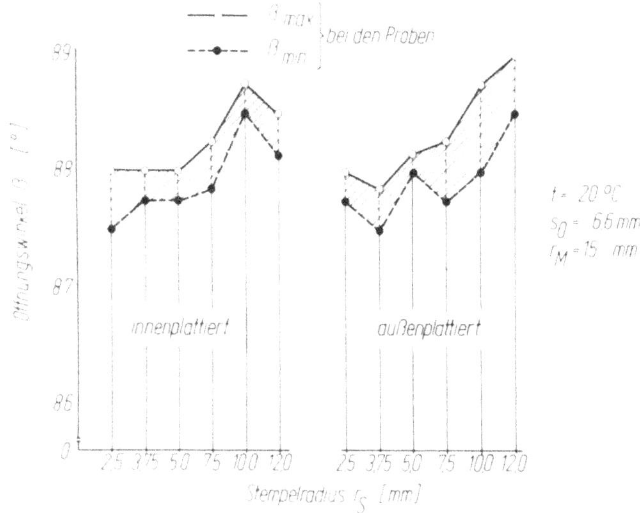

Abb. 13: Vorversuche zur Ermittlung des Einflusses der Plattierungslage am U-Biegeprofil auf den Öffnungswinkel β. Proben bei Raumtemperatur mit größer werdenden Stempelradien gebogen

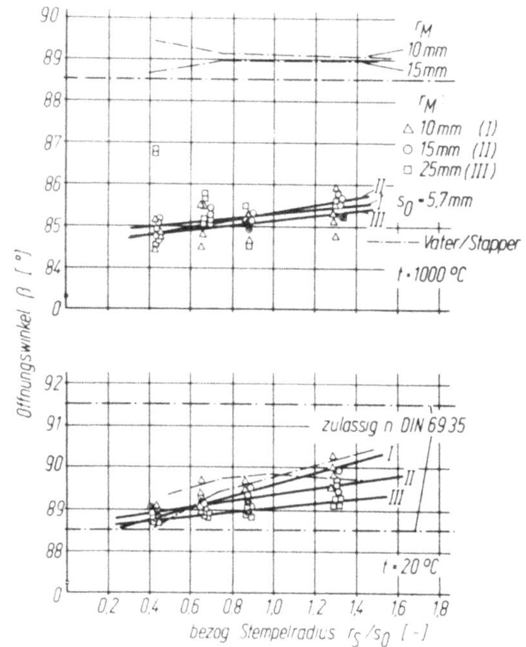

Abb. 14: Einfluß der bezogenen Stempelradien, Matrizenradien, Blechdicken und Temperatur auf den Öffnungswinkel. Zum Vergleich auch Ergebnisse von allgemeinen Grobblechen

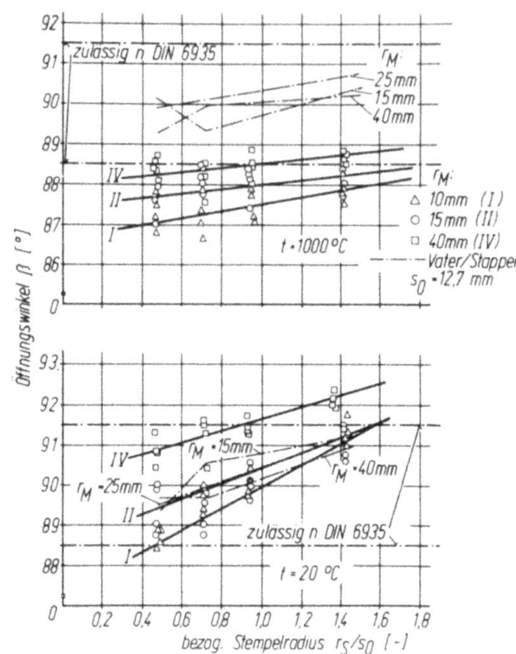

Abb. 15: Einfluß der bezogenen Stempelradien, Matrizenradien, Blechdicken und Temperatur auf den Öffnungswinkel. Zum Vergleich
auch Ergebnisse von allgemeinen Grobblechen

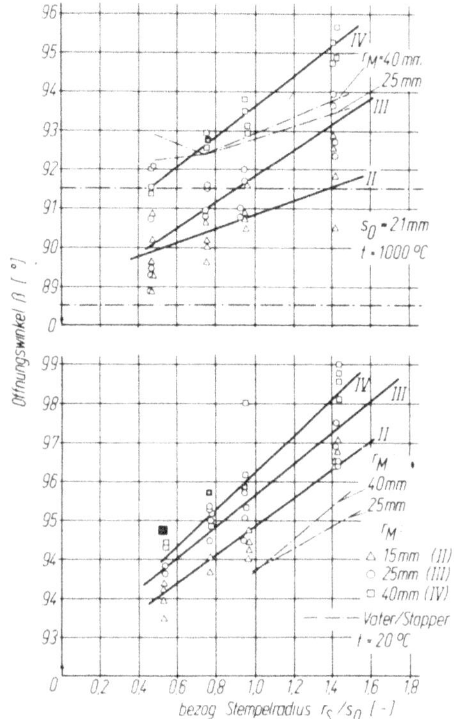

Abb. 16: Einfluß der bezogenen Stempelradien, Matrizenradien, Blechdicken und Temperatur auf den Öffnungswinkel. Zum Vergleich
auch Ergebnisse von allgemeinen Grobblechen

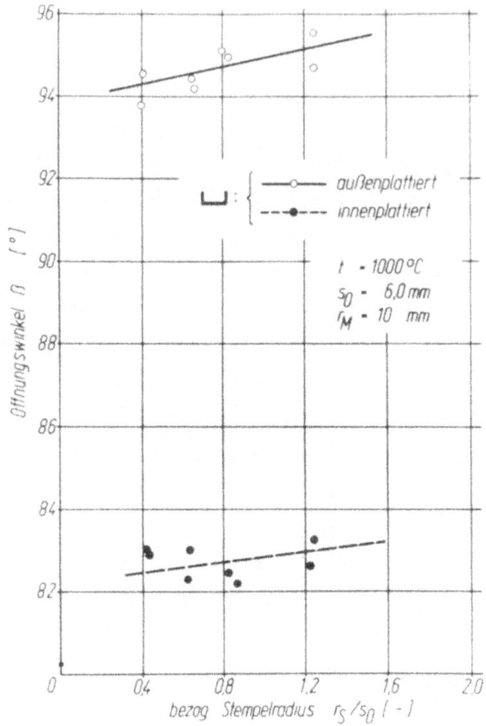

Abb. 17: Einfluß der Plattierung am Profil auf den Öffnungswinkel. Probestreifen bei 1000° gebogen

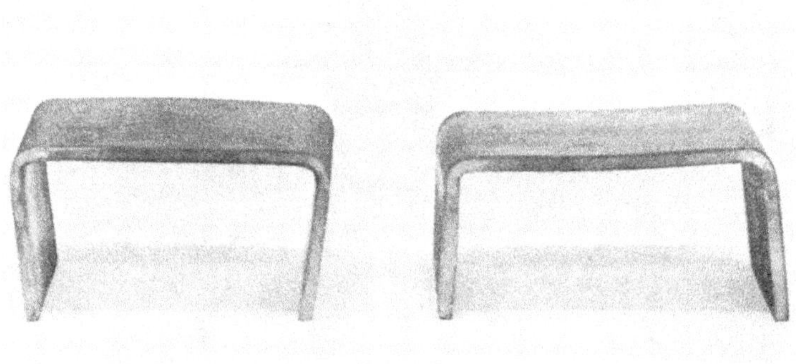

Abb. 18: Aus 6,0 mm dicken Blechstreifen durch Warmumformung (1000°) hergestellte U-Biegeteile; linkes Teil mit der Plattierung innen, rechtes Teil mit der Plattierung außen

Forschungsberichte des Landes Nordrhein-Westfalen

Herausgegeben im Auftrage des Ministerpräsidenten Heinz Kühn
vom Minister für Wissenschaft und Forschung Johannes Rau

Sachgruppenverzeichnis

Gaswirtschaft

Gas economy
Gaz
Gas
Газовое хозяйство

Holzbearbeitung

Wood working
Travail du bois
Trabajo de la madera
Деревообработка

Hüttenwesen · Werkstoffkunde

Metallurgy · Materials research
Métallurgie · Matériaux
Metalurgia · Materiales
Металлургия и материаловедение

Kunststoffe

Plastics
Plastiques
Plásticos
Пластмассы

Luftfahrt · Flugwissenschaft

Aeronautics · Aviation
Aéronautique · Aviation
Aeronáutica · Aviación
Авиация

Luftreinhaltung

Air-cleaning
Purification de l'air
Purificación del aire
Очищение воздуха

Maschinenbau

Machinery
Construction mécanique
Construcción de máquinas
Машиностроительство

Mathematik

Mathematics
Mathématiques
Matemáticas
Математика

Medizin · Pharmakologie

Medicine · Pharmacology
Médecine · Pharmacologie
Medicina · Farmacología
Медицина и фармакология

NE-Metalle

Non-ferrous metal
Metal non ferreux
Metal no ferroso
Цветные металлы

Physik

Physics
Physique
Física
Физика

Rationalisierung

Rationalizing
Rationalisation
Racionalización
Рационализация

Schall · Ultraschall

Sound · Ultrasonics
Son · Ultra-son
Sonido · Ultrasónico
Звук и ультразвук

Schiffahrt

Navigation
Navigation
Navegación
Судоходство

Textilforschung

Textile research
Textiles
Textil
Вопросы текстильной промышленности

Turbinen

Turbines
Turbines
Turbinas
Турбины

Verkehr

Traffic
Trafic
Tráfico
Транспорт

Wirtschaftswissenschaften

Political economy
Economie politique
Ciencias económicas
Экономические науки

Einzelverzeichnis der Sachgruppen bitte anfordern

Westdeutscher Verlag · Opladen

567 Opladen/Rhld., Ophovener Straße 1–3, Postfach 1620

GPSR Compliance
The European Union's (EU) General Product Safety Regulation (GPSR) is a set
of rules that requires consumer products to be safe and our obligations to
ensure this.

If you have any concerns about our products, you can contact us on

ProductSafety@springernature.com

In case Publisher is established outside the EU, the EU authorized
representative is:

Springer Nature Customer Service Center GmbH
Europaplatz 3
69115 Heidelberg, Germany